이 책을 먼저 읽은 독자들의 추천사

언제나 깊이 공감하며 읽고 있어요. 아이를 키우다 보니 저도 정말 많은 걸 배우게 돼요. 그 어디에서도 배울 수 없는 소중한 인생공부가 육아라고 생각합니다. 아직 많이 부족한 엄마라 이게 맞나 걱정이 앞설 때도 있고, 의지할 곳도 이정표도 없이 내가 이끌어가야 한다는 불안감에 잠식될 때도 있는데, 선생님의 글을 보며 위로 받고 용기도 내게 됩니다. 앞으로도 엄마들에게 좋은 말씀 많이 부탁드려요. 감사합니다.

@isu_photo

열여덟 살인 내가 오뚝이샘의 글을 읽으며 울음이 터졌던 건, 나를 올바르게 키워준 엄마에게 감사한 마음이 들어서였다. 많은 엄마가 이처럼 어려워하는 말들을 우리 엄마는 어떻게 알고 실천했을까? 엄마에게 고맙다고 말하고 싶다.

@jjesoso05

어릴 때 저는 느린 아이였습니다. 어머니 성격이 다혈질이라 워낙 많이 혼났는데, 특히 행동이 느릴 때 유독 심했습니다. 성인이 된 뒤에는 많이 빨라졌지만, 그래도 살다 보면 한 번씩 재촉을 받을 때가 있어요. 그때는 세상 어떤 말보다도 기분이 상합니다. 상대가 아무리 좋게 말해도 기분이 정말 많이 상해요. 오뚝이샘의 글처럼 아이의 속도를 기다려주고 응원해주는 부모님이 많아졌으면 좋겠습니다.

@doyoungenm

선생님, 감사해요. 엄마와 성향이 달라도 너무 다른 아이를 이해 못 하겠다며 맘속으로 선을 긋고 있었던 건 아닌지 반성하게 되네요. 어릴 때 내가 바라던 부모님의 모습을 다시금 생각해보면서 아이를 바라보려 합니다. 앞으로 조금 더 이해하고 지지하는 엄마가 되겠습니다.
@lovely9755

저는 이십 대 청년인데요. 선생님의 글을 보면서 위로를 받고 있어요. 어렸을 때부터 어머니의 강한 말들 때문에 상처도 많이 받고 마음도 닫혀 있었는데, 선생님 글을 읽고 난 뒤 어머니께도 보라며 전해드렸어요. 어머니가 어떻게 보셨을지는 모르겠지만, 우리 가족이 서로 존중하고 이해하는 대화를 자연스럽게 나누는 그날이 오기를 기대하며 선생님의 활동 응원하겠습니다.
@2_hss_9_17

상냥하게 공감해주는 엄마가 되고 싶었습니다. 돌이켜 보면 아직도 다 자라지 못한 어린 내가 누군가에게 그렇게 돌봄 받고 싶었던 것 같아요. 선생님 글을 읽으며 '어쩜 저렇게 사랑스러운 말만 할 수 있을까' 이상과 현실의 괴리에 괴로운 적도 있었는데요. 선생님도 저와 같은 시간을 지나왔다고 생각하니 큰 위로가 되고, 용기도 생깁니다.
@yelin.nn

내 아이를 위해 숙제한다고 생각하면서 매일 선생님의 글을 읽고 되새기는 독자입니다. 머리로는 알고 있지만 실천하지 못했던 말들을 체계적으로 정리해주셔서 꼼꼼하게 체크해볼 수 있어요. 게다가 객관적으로 해결할 수 있는 구체적인 방법까지 제시해주셔서 아이들에게 쉽게 적용할 수 있습니다. 엄마 아빠들과 아이들을 행복한 웃음을 위해 앞으로도 좋은 글 부탁드립니다. 감사합니다.
@baeghyeonsug588

읽을 때마다 힐링합니다. 제가 들어왔던 말들이기도 하고, 제가 내뱉은 말들이기도 해요. 나는 그렇게 말하지 말아야지 하고 생각했는데, 이렇게 아름다운 말 조각들을 알려주셔서 큰 도움 받고 있어요. 감사합니다.
@ubi1025

가슴에 새기고픈 글이 정말 많습니다.

아이에게 또는 아이와 저 사이에 문제가 생겼을 때 좋은 말, 긍정적인 말, 힘이 되는 말을 해주고 싶었는데, 그때마다 해줄 수 있는 말에 한계를 느꼈어요. 해결되지 않는 문제를 두고 같은 말만 계속 되풀이하는 제 모습도 너무 답답했고요. 주변 엄마들이나 선생님께 조언을 구해도 다를 바가 없었죠.

그런데 오뚝이쌤의 글을 읽으며 어떤 상황에 어떻게 말해줘야 할지 구체적으로 알 수 있었습니다. 마치 대본을 보는 것처럼 생생하게 다가왔죠. 앞으로 선생님의 글을 마음속에 새기며 같은 실수, 같은 잘못을 반복하지 않는 부모가 되려고 합니다. 늘 모범적인 모습을 보여주기는 어렵겠지만, 천천히 시작해보려고요. 다시 한 번 감사드립니다.

@everymoment816

인간관계가 맘 같지 않고, 인생이 맘처럼 풀리지 않는 누구나 읽어야 할 전 국민 필독 도서.

윤지영 작가의 글은 '치유'와 '기대'를 선사합니다. 이 책을 읽으며 나를 키워준 부모 역시 실수하고 후회하며 성장했던 초보 엄마 아빠였음을 이해할 수 있었습니다. 그 모진 말 너머에 있던 애틋한 마음을 헤아리게 되면서 치유를 경험했습니다. 그리고 '나는 왜 이렇게 말하지 못했을까? 다음엔 꼭 실천해야지' 마음먹으면서 달라진 내 모습을 기대하게 되었습니다.

인간관계와 인생이 마음처럼 흘러가지 않은 건 어쩌면 나도 내 마음을 잘 모르기 때문이 아닐까요? 혹은 그 마음을 표현하는 방법을 모르기 때문이 아닐까요? 『엄마의 말 연습』은 나도 몰랐던 내 마음속의 감정을 똑바로 바라보고 드러내게 만들었습니다. 만약 이 책이 학교 교과 과정에 있었다면 아마 저는 마음을 조금 더 솔직하고 지혜롭게 표현하는 어른으로 성장했을지도 모르겠습니다. 사랑하는 자녀에게 사랑하는 마음을 예쁘게 전하고 싶은 세상 모든 엄마 아빠들에게 이 책을 권합니다. 『엄마의 말 연습』 너머에 더 나은 나와 우리가 기다리고 있습니다.

@aranenglish & 유튜브 Aran TV 크리에이터 &
『1년 만에 교포로 오해받은 김아란의 영어 정복기』 김아란 작가 자녀를 키운다는 건 말 몇 마디로 표현할 수 있는 일이 아닙니다. 부모의 어마어마한 노동력과 기대와 사랑이 녹아 있는 인내의 과정이지요. 자녀에게 건네는 엄마의 말은 그 과정의 정점에 있습니다. 자녀가 엄마의 말 한마디에 날아오르거나 기가 꺾이는 건 그 때문입니다. 오뚝이샘의 책에는 자녀를 사랑하고, 자녀가 제 모습대로 피어나기를 바라는 엄마의 마음이 가득 담겨 있습니다. 『엄마의 말 연습』은 분노와 죄책감을 오가는 양육 과정에서 오랫동안 옆에 두고 볼 수 있는 따뜻한 지침서가 될 것입니다.

@gyeongrim498 & 『나는 뻔뻔한 엄마가 되기로 했다』 김경림 작가

오뚝이샘의 인스타그램 글을 우연히 읽고, 감명을 받아 스토리에 공유하게 되었습니다. 오뚝이샘의 글은 그런 글입니다. 더 많은 사람이 읽었으면 좋겠다고 생각해서 공유하고 싶은 글. 오뚝이샘의 대화 방식을 더 많은 사람이 알고 공감할 수 있다면 우리가 사는 세상은 결코 차갑고 딱딱하지 않을 거예요. 먼저 나부터 주변 사람들의 마음을 부드럽게 만드는 따뜻한 말을 건네야겠다 다짐했습니다.
제 직업은 퍼스널브랜딩 컨설턴트입니다. 사람들에게 항상 실력과 본질의 중요성에 대해 말하죠. 오뚝이샘의 글이 딱 이렇습니다. 오뚝이샘이 소개하는 대화법과 관계 맺기 방식은 '말하기 실력'을 키우고 '마음의 본질'을 전하는 데 최적화되어 있습니다. 좋은 마음이, 좋은 대화로, 좋은 감정으로 이어질 수 있게 돕습니다. 자연스럽게 그 영향력이 사람들 사이에 퍼질 수밖에 없죠. 아이뿐만 아니라 어른들도 이 책을 읽으며 성장해나가길 바랍니다.

@jogyurimn & 커리어앤브랜딩 조규림 대표

윤지영 작가는 '선생님'이라는 호칭이 참 잘 어울리는 분입니다. 학생을 가르치는 직업을 가져서가 아니라 먼저 선(先), 날 생(生), 자기 삶을 오롯이 경험하고 느낀 깨달음을 아낌없이 나누어주기 때문입니다. 그런 의미에서 『엄마의 말 연습』은 윤지영 선생님이 오랜 시간 기록해온 오답 노트처럼 느껴졌습니다. 선생님의 글을 읽으며 아이들을 사랑하는 마음과 노력과 진심을 엿볼 수 있었습니다. 윤지영 선

생님의 진심이 많은 부모님에게 닿기를 온 마음 다해 응원합니다.

@listener_hyewon & 『초등 감정 사용법』 한혜원 작가

오늘도 엄마는 아이를 위해 바쁩니다. 식사를 준비하고, 청소기를 돌리고, 아이가 즐거워할 만한 주말 체험을 조사합니다. 소중한 아이가 혹여 남들에게 무시당할까 싶어 좋은 학원을 알아보면서 최고의 교육 환경을 만들어주려고 합니다. 그게 곧 사랑이라고 생각하면서요.

하지만 아이가 엄마의 뜻대로 따라와주지 못할 때, 엄마는 불안과 분노를 이기지 못하고 '말'이라는 칼을 꺼내 듭니다. 칼에 베인 아이는 엄마의 사랑을 찾지 못해 아프기만 합니다. 그럴 때마다 저는 후다닥 윤지영 선생님의 『엄마의 말 연습』을 꺼내 듭니다. 제가 들어보지 못해서 아이에게 해주지 못했던 말, 제가 받아보지 못해서 아이에게 줄 수 없었던 따스함이 윤지영 선생님의 책 속에 있거든요.

『엄마의 말 연습』은 일상에서 반복되는 엄마의 말을 정지시킨 뒤, 날카로운 통찰력을 발휘해 문제점을 분석합니다. 아이에게 어떻게 말을 건네야 엄마의 진심이 전달되는지 그 구체적인 방법을 알려줍니다.

영화 〈사도〉에서 마지막 가는 길에 세자는 말합니다.

"내가 바란 것은 아버지의 따뜻한 눈길 한 번, 다정한 말 한마디였소."

이 시대의 많은 아이들 역시 엄마에게 바라는 것은 비슷할 거예요. 다정함이 느껴지는 말 한마디, 존중이 느껴지는 눈빛과 행동에 아이들은 부모의 진짜 마음을 알아갑니다. 이 책을 통해 부디 사도세자의 가슴앓이가 재현되지 않기를 간절히 기도합니다.

@lyergirl & 『초등생의 수학 학부모의 계획』 김수희 작가

엄마의 말 연습

일러두기

- 본문에 등장하는 엄마 아빠 배역은 내용을 효과적으로 전달하기 위해 구성한 것입니다. 엄마 아빠뿐만 아니라 조부모님과 아이를 가까이에서 지켜보는 주양육자 모두 연습해보시길 바랍니다.

- 책에 등장하는 아이들의 이름은 모두 가명입니다.

화내지 않고 사랑하는 마음을 오롯이 전하는 **39가지 존중어 수업**

엄마의 말 연습

윤지영(오뚝이샘) 지음

카시오페아
Cassiopeia

대화를 나눌수록 상처받는
아이들을 바라보며

"엄마 나랑 놀자."

"그래, 뭐 하고 놀까?"

"동물원 놀이. 엄마, 어떤 동물 할지 골라."

초등학교 1학년인 아들은 동물 피규어 상자를 바닥에 한가득 펼쳐놓고는 제게 고르라고 합니다.

"엄마는 호랑이 할게."

아이는 호랑이 피규어를 제게 건네주고 다른 동물들의 위치를 정합니다. 뱀은 바구니에, 악어는 소파 위에, 코끼리는 책장 안에 두는 사이 저는 빨랫감을 걸었지요.

"엄마, 빨리 놀자."

"어, 잠깐만. 이것만 개고."

"이따 개도 되잖아. 이따가 해. 지금은 나랑 동물원 놀이하기로 했잖아."

"그래."

알았다고 답하면서도 제 손은 계속 빨래를 개고 있었습니다.

"아니, 동물원 놀이하는데 왜 빨래를 개?"

"동물원 놀이는 말로 하는 거잖아. 빨래는 손으로 개는 거고. 엄마는 동시에 할 수 있어! 안녕하세요, 저는 호랑이예요. 여기 동물원의 왕입니다!"

"아니야. 내가 이 동물원 왕은 코브라라고 했잖아. 호랑이 아니거든!!!"

"아, 맞다. 미안, 엄마가 깜빡했네."

아이와 동물원 놀이를 해준다던 저는 동물원의 왕이 코브라라는 사실도 잊은 채, 입으로만 동물원 놀이를 하면서 빨래를 계속 갰습니다. 수건, 티셔츠, 속옷 등 잘 정리된 옷들이 차곡차곡 쌓여갔지요. 그렇게 한 장, 두 장 쌓아 올리기를 계속하자 빨래탑이 무너질 듯 아슬아슬해졌습니다. 저는 다시 아들에게 양해를 구했지요.

"잠깐만, 엄마 이것만 넣어두고 올게!"

사실 집안일은 나중에 해도 됐습니다. 아이가 학교 간 사이에 해도 괜찮았습니다. 솔직히 저는 아이와의 피규어 놀이가 몹시 지루했어요. 아이가 제게 하는 동물 이야기들이 재미없었습니다. 호랑이든 코브라든 관심 밖이었습니다. 그래서 대충 놀아주는 척하면서 빨래를 개었던 거지요.

수건과 옷을 각각 자리에 넣어두고 돌아왔더니 아이가 실망한 듯 장난감을 정리하고 있었습니다. 입을 삐죽이면서 저를 흘겨보았지요. 얼른 빨래만 넣어두고 온다는 게 그만 아이와의 놀이 흐름을 끊어버리고 말았습니다.

미안해라…….

자녀교육서 저자로 글을 쓰고 강의를 하지만 저의 육아 현실은 보통의 엄마와 크게 다르지 않습니다. 자상하게 대화를 주고받기도 하지만 아이의 말에 영혼 없이 답할 때도 있어요. 아이를 좋게 타이를 때도 있지만, 긴 잔소리를 늘어놓는 날도 많습니다. 함께 웃는 날도 있지만, 화가 나 막말을 쏟아내고 후회하기도 합니다. 늘 따뜻하게 말해주고 싶지만, 마음처럼 안되는 날이 많아요. 특히 아이가 숙제에 집중하지 못할 때면 냉랭한 말투로 이렇게 다그칩니다.

"딴생각 좀 하지 마."

(정작 나는 아이와 놀아줄 때 딴생각했으면서…….)

"기왕 숙제하는 거 성의껏 하면 좋겠어."

(나도 대충 놀아줬으면서…….)

"앉아만 있으면 뭐 해? 단 5분이라도 제대로 집중을 해야지!"

(나 역시 아이와의 놀이에 5분도 집중하지 못했으면서…….)

엄마가 아이와의 놀이가 지루해 다른 생각을 한 것처럼 아이도 공부가 지겨우니 딴청을 피운 거겠지요. 그런데 저는 아이의 산만한 공부 태도를 교정하려고만 했지, 엄마의 산만한 대화 태도는 미처 자각하지 못했어요. 아이를 향한 엄마의 말과 태도의 문제가 있다는 사실을 깨닫지 못했지요.

아이를 사랑하고 걱정하는 부모의 마음이 모두 사랑하는 말로 이어지는 것은 아닙니다. 오히려 애틋한 마음과 달리 말로 상처를 줄 때가 많아요. 적절한 말로 마음을 전하는 데 서툴기 때문입니다. 부모에게도 끊임없는 성찰과 관리가 필요합니다.

저는 아이에게 하는 말들을 차분히 글로 적어 보며 말 습관을 돌아보기로 했습니다.

"빨리 해." (지시)

"숙제했어?" (확인)

"그만 울어." (금지)

"물건 썼으면 제자리에 둬." (명령)

말 습관을 돌아보며 저의 언어 창고가 지시, 확인, 금지, 명령으로 채워져 있음을 알 수 있었습니다. 어릴 적 나에게 상처가 됐던 말을 지금 내가 아이에게 반복하고 있다는 사실도 깨달았지요. 아차 싶었습니다. 저는 어떻게 하면 말실수를 반복하지 않고 아이에게 마음을 전달할 수 있을까 고민에 빠졌습니다.

정답은 없었지만, 마음을 조금 더 부드럽고 예쁘게 표현하는 말은 분명 있었습니다. 그렇게 보물찾기하듯 찾아낸 말은 대부분 인정하는 말, 긍정적인 말, 다정한 말이었습니다. 내가 듣지 못했지만 듣고 싶었던 말이고, 내가 아이에게 해주고 싶었지만 해주지 못했던 말이었지요.

그 말들은 아이를 존중하는 말이자 아이에게 존중받음을 느끼게 하는 '존중의 언어'였습니다.

여러분은 오늘 아이에게 무슨 말을 어떻게 했나요? 한번 떠올려보세요. 냉소적이고 부정적으로 말하지는 않았나요? 명령조의 말, 지시적인 말은 없었나요?

아이에게 실수 없이 완벽한 말을 하는 엄마는 없습니다. 그리고 아이에게 상처를 주는 부모의 말에는 대개 무의식적인 오류가 있습니다. 그 오류를 대부분 비슷하게 반복하지요. 이 책은 그렇게 우리가 무의식적으로 사용하는 잘못된 말 습관을 객관적으로 살펴보고, 개선 방안을 제시하기 위해 쓰였습니다.

같은 뜻을 전할 때도 표현하는 말은 여러 가지입니다. 그 말에 따라 아이가 느끼는 기분이 달라지고, 행동도 달라지지요. 『엄마의 말 연습』을 통해 많은 부모님이 아이에게 어떻게 말하는지 되돌아보고, 다음에는 다르게 말해야겠다고 마음먹을 수 있었으면 좋겠습니다.

또 언어 창고에 인정의 말, 긍정의 말, 다정한 말이 풍성하게 준비되어서 언제든 곧바로 꺼내어 쓸 수 있게 되기를 바랍니다. 부모님의 언어 창고에 '존중의 언어'가 가득 차게 되면 분명 아이에게 사랑하는 마음을 진솔하게 전달할 수 있을 거예요. 아이와의 친밀도도 더욱 올라가게 될 테고요.

처음은 누구나 어렵습니다. 하지만 일단 변화를 시도하게 되면, 또 실수를 깨닫고 고쳐나가기를 반복하다 보면 분명 나도 모르게 존중의 말을 건네는 모습을 발견할 수 있을 거예요. 습관은 타고나는 게 아니라 만들어가는 것이니까요. 『엄마의 말 연습』은 바로 그 습관을 함께 만들어가기 위해 쓴 책입니다.

아이를 사랑하는 부모님의 진심을 유창하게 표현할 수 있기를, 아이와 더 행복해지기를 응원합니다.

가을의 문턱에서
윤지영

차례

아이를 웃게 만드는 존중의 말 3가지

한 걸음, 정서적 교감을 이끄는 인정의 말

실전편

아이의 습관을 변화시키는 5가지 말 연습

한 걸음, 일상생활 말 연습

긍정의 말

인정의 말

다정의 말

아이를 웃게 만드는
존중의 말 3가지

아이를 웃게 만드는
존중의 말 3가지

아이가 두발자전거를 배운 지 얼마 안 됐을 때의 일이에요. 저는 불안이 굉장히 높은 엄마라 아이에게 헬멧과 보호장비를 철저히 착용하라고 신신당부했지요. 하지만 아이는 귀찮다며 그냥 자전거를 탔고, 결국 내리막길에서 균형을 잃어 넘어지고 말았어요. 저는 엄마의 말을 귀담아듣지 않는 아이에게 화가 났습니다.

"뭘 잘했다고 울어?" (질책)
"엄마가 무릎 보호대 하라고 했어, 안 했어?" (핀잔)
"엄마 말 들어서 손해 본 적 없잖아. 왜 말을 안 들어?" (비난)

마구 쏟아붙이자 아이는 서럽게 울기 시작했습니다. 안 그래도 무릎에서 피가 나 깜짝 놀랐는데, 엄마가 험악한 말을 쏟아내니 서러웠던 거겠지요.

한참 뒤, 저는 아이의 표정을 보고서야 알았어요. 괜찮냐고 먼저 물어봤어야 했다는 걸요. 크게 다치지 않아서 다행이라는 말을 먼저 건넸어야 했지요. 아파서 우는 내 아이에게 핀잔과 비난의 말을 하고 싶었던 것도 아니었습니다. 걱정하는 마음에 큰소리를 낸 것뿐이었지요. 할 수만 있다면 뱉은 말을 다시 주워 담고 싶었습니다.

저는 왜 아파서 우는 아이에게 질책의 말로 상처를 줬을까요? 엄마 말을 흘려듣는 아이를 교정해야겠다는 생각에 급급했기 때문입니다. 아이를 이해하려고 하지 않고 먼저 고치려고 한 것이지요. 내 마음의 불편함만 빨리 해결하려 했고, 내 기준에 아이를 맞추려 했습니다.

그 뒤 같은 실수를 반복하지 않기 위해 비슷한 상황에서 아이에게 어떤 말을 해줄 수 있을까 생각했습니다. 그리고 오랜 고민 끝에 인정과 긍정, 다정함이 녹아 있는 '존중의 말'이 필요하다는 사실을 깨달았습니다.

(1) 인정의 말

> "뭘 잘했다고 울어? 뚝 그쳐!"
> (금지의 말)

> "많이 아파? 아프면 눈물 나지."
> (감정을 인정하는 말)

아이의 투정을 모두 받아주는 일은 바람직하지 않습니다. 문제 행동과 잘못된 태도는 고치고 바로잡아야 하지요. 그러나 아이의 감정과 욕구, 생각은 인정해줄 수 있습니다.

'인정의 말하기'를 위해서는 먼저 분별이 필요합니다. 전부를 인정할 수는 없더라도 일부를 인정하는 건 언제나 가능합니다. 겉으로 보이는 행동과 태도 이면의 숨은 욕구와 감정을 들여다보고 그 점을 구분하여 말하면 됩니다.

인정의 말은 정서적 교감과 관계 형성의 핵심입니다. 감정과 생각을 인정받는 경험을 통해 아이는 위로와 공감을 배우고, 정서적으로 건강한 사람으로 성장할 수 있습니다.

(2) 긍정의 말

> "귀찮다고 보호장비 안 하면
> 머리 깨지고 무릎도 다 까져."
> (부정적으로 겁주는 말)

> "보호장비가 처음에는 번거롭지만,
> 자꾸 착용하다 보면 편해져."
> (긍정적으로 격려하는 말)

부정적인 생각과 말은 아이를 위축되게 만듭니다. 소심하고 눈치 보는 아이로 자라게 되지요. 반대로 부모의 긍정적인 말은 소통을 원활하게 하고, 아이의 마음이 열리게 합니다.

아이의 결점과 한계 대신 장점과 변화 가능성에 주목하고 격려의 말을 해주세요. 그러면 아이 스스로 용기와 확신을 가지고 행동을 변화시킬 수 있습니다. 아이들의 몸을 키우는 것이 영양가 있는 음식과 충분한 수면이라면, 정신을 키우는 것은 엄마 아빠의 믿음과 응원입니다. 밝게 자라는 아이들의 성장 배경에는 긍정의 말이 있다는 사실을 기억하십시오.

(3) 다정의 말

"앞으로 엄마 말씀 잘 들을게요 해!
보호장비 꼭 하고 다닐게요 해!"
(냉소적인 말)

"앞으로 보호장비 꼭 하겠다고,
엄마랑 손가락 걸고 약속해."
(다정한 말)

다정함은 말하는 방식과 태도의 영향을 크게 받습니다. 같은 말이라도 어떤 말투와 어조, 표정으로 하느냐에 따라서 아이에게 전해지는 메시지가 달라지지요. 싸늘한 표정과 냉소적인 말투, 매서운 시선에 오랫동안 노출된 아이는 자신이 사랑받는 존재라는 사실에 의심을 품기 쉬워요. 심리적으로 위축될 수밖에 없지요.

반면에 다정한 시선과 말에 둘러싸여 자란 아이는 자신이 사랑받을 만한 존재라고 믿기에 어디서든 당당하고 상대방에게도 친절한 모습을 보이게 됩니다. 이렇게 말의 냉기는 아이의 마음 곳곳에 스며들고, 존중 경험에 균열을 만듭니다. 추위에 오랫동안 노출되면 피부가 상하는 동상에 걸리는 것처럼 부모의 차가움에 심리적

동상을 입는 것이지요.

'아 해 다르고 어 해 다르다'는 속담이 있습니다. 같은 말이라도 좀 더 다정하게, 따뜻하게 하는 게 좋다는 뜻인데요. 자녀가 부모에게 예의를 지켜야 하는 것처럼, 부모님도 아이에게 매너를 갖춰서 얘기하면 서로에 대한 신뢰가 돈독해지지 않을까요.

『엄마의 말 연습』은 크게 이론편과 실전편으로 나뉘어 있습니다. 먼저 《이론편》에서는 아이와의 대화에 필요한 인정의 말, 긍정의 말, 다정의 말에 대해 살펴볼 예정입니다.

〈한 걸음, 정서적 교감을 이끄는 인정의 말〉에서는 느낌, 욕구, 감정, 생각을 인정하는 말하기를 어떻게 실천할 수 있는지 사례를 통해 알아보고,

〈두 걸음, 마음을 활짝 열게 만드는 긍정의 말〉에서는 부정적 판단, 위협, 증폭, 비난의 말 대신 긍정적 이해와 해석, 당부의 말, 위안을 주고 격려하는 방법에 관해 얘기해보겠습니다.

〈세 걸음, 사랑을 오롯이 전하는 다정한 말〉에서는 명령이나 지시 대신 조금 더 따스하고 정다운 대화를 가능하게 하는 제안과 부탁의 말, 즉 정중하고 매너 있는 말하기 방법에 대해 알아보겠습니다.

존중의 말하기를 위해서는 지금 내가 하는 말의 문제를 먼저 알

아차려야 합니다. '나부터 변해야겠네. 앞으로 다르게 말해봐야지.' 하고 마음을 먹는 바로 그 순간부터 변화는 시작됩니다. 자, 그럼 이제부터 이전의 언어 습관을 살펴보고 존중의 대화를 실천해나가는 여정을 시작하겠습니다.

한 걸음,
정서적 교감을 이끄는
인정의 말

인정의 말
1-1

뭐가 뜨거워? 하나도 안 뜨거워! (부정)
➡ 뜨겁구나. 더 식혀줄게. (느낌 인정)

7세 아이가 아프다면서 울먹이는 상황

아이   아파요. 아프다고요.

아빠   뭐가 아파? (반감)

       안 아파! (부정)

       엄살 부리지 마. (금지)

6세 아이가 뜨겁다면서 음식을 거부하는 상황

아이   뜨거워요. 못 먹겠어요.

엄마   뱉지 마! 하나도 안 뜨거워! (완전 부정)

       뜨거운 게 아니라 따뜻한 거지. (강요)

       식으면 또 차다고 안 먹잖아! (다그침)

       왜 까탈이야? (과잉 일반화)

아이는 작은 자극에도 예민하게 반응합니다. 목욕물이 따끈하면 "앗 뜨거!" 하며 기겁을 하고, 미지근하면 또 차가워서 못 씻겠다고 합니다. 충분히 식힌 음식을 뜨겁다며 뱉어내는 일도 있지요. 놀다가 살짝 부딪히고 너무 아프다고 우는가 하면, 상처가 없는데도 아프다면서 밴드를 붙여달라고 조릅니다. 이런 상황에 우리 부모님들은 어떻게 대처하고 있을까요?

뭐가 뜨겁냐고, 뭐가 아프냐고 아이의 느낌을 부정할 때가 많습니다. 엄살 피우지 말라고, 까탈스럽게 굴지 말라고, 느낌을 판단하고 금지하기까지 하지요. 그러나 엄살이나 까탈은 모두 부모의 기준입니다. 느낌의 강도는 사람마다 제각각인데 말이지요. 아이가 아프다면 아픈 것이고, 아이가 뜨겁다면 뜨거운 겁니다. 아무리 부모라고 해도 아이의 느낌을 부정할 수는 없는 법이에요. 생각은 설득으로 바꿀 수 있지만 감각은 설득할 수 없고, 설득하려고 하지도 말아야 합니다.

아이의 느낌을 그대로 인정하는 것, 공감은 여기에서부터 시작됩니다.

"아팠니?" (공감)

"아프구나." (인정)

"밴드 붙여줄까?" (해법 제시)

"뜨겁니?" (공감)

"뜨겁구나." (인정)

"좀 더 식혀줄게." (해법 제시)

　다 식힌 밥을 뜨겁다고 하면 엄마 아빠는 난감합니다. 아이 입맛에 딱 맞게 식히기란 참 어려운 일이지요. "그냥 찬밥 먹어!"라는 말이 목구멍까지 올라옵니다. 하지만 느낌을 인정해주고, 느낌에 알맞은 온도를 찾기 위해서는 엄마 아빠의 인내와 수고가 필요합니다. 금지와 명령으로는 존중을 가르칠 수 없습니다. 아이의 요구에 맞게 조금 더 식혀주고, 밴드도 붙여주는 엄마 아빠의 수고로움을 통해 아이는 존중을 배우게 됩니다. 부모의 인고는 아이가 존중을 배우는 수업료인 셈입니다.

　단언하건대 존중은 오직 존중으로만 가르칠 수 있습니다. 이것이 우리가 뜨겁다는 아이에게 반감과 부정의 말 대신, 공감과 인정의 말을 건네고 좀 더 식혀주는 수고를 감내해야 하는 이유입니다.

밤에 먹는 건 안 돼! (금지)
➡ 먹고 싶어? 내일 낮에 먹는 건 어때? (욕구 인정)

7세 아이가 TV 광고로 나오는 장난감을 사달라고 조르는 상황

아이　저 장난감 사줘.

엄마　집에 장난감이 얼마나 많은데, 또 사달래? 막상 사주면 또 안 갖고
　　　놀잖아. 장난감 타령 좀 그만해! (욕구 금지)

초1 아이가 숙제를 하지 않고 나가서 놀겠다고 하는 상황

아이　먼저 놀고 하면 안 돼요?

엄마　노는 것도 어느 정도껏 해야지, 숙제도 안 하고 놀러 나가? 안 돼!
　　　(욕구 금지)

중1 아이가 늦은 밤에 야식이 먹고 싶다고 조르는 상황

아이　치킨 먹고 싶어요. 배달시켜 주세요.

이미 장난감이 많은데 또 사달라는 아이, 숙제가 있는데 놀기부터 하려는 아이, 밤늦은 시간에 치킨을 시켜달라는 아이. 어디선가 익숙하게 본 장면 아닌가요?

이거 사달라, 저거 해달라, 놀아달라 등등 아이의 요구는 끝이 없습니다. 갖고 싶은 것도 많고, 먹고 싶은 것도 많고, 하고 싶은 것도 많은 게 아이들이에요. 그런데 부족함 없이 키우고 싶은 게 또 부모의 마음입니다. 그래서 아이가 원하는 건 웬만하면 다 들어주려고 하지요. 하지만 아이가 말도 안 되는 요구를 할 때는 아무리 예뻐도 받아주기가 어렵습니다.

합리적인 근거를 제시하며 설명해도 아이의 마음은 좀처럼 바뀌지 않습니다. 갖고 싶은 것, 먹고 싶은 것, 놀고 싶은 것은 '생각'이 아니라 '욕구'이기 때문입니다. 생각은 설득할 수 있지만, 욕구는 설득할 수 없으니까요.

물론 아무리 욕구가 강하다 하더라도 아이가 원하는 대로 다 해 줄 수는 없습니다. 사람은 원하는 대로 살 수도 없을뿐더러 인내도 가르쳐야 하니까요. 원할 때마다 장난감과 치킨을 사준다면 아이는 결코 절제를 배울 수 없을 겁니다. 특히 충동 조절이 잘 안 되는 어린아이들에게는 적절한 부모의 제어가 필요합니다.

　다만 이럴 때 아이를 존중하는 부모님이라면 무조건 옳다고 믿는 방향으로 아이를 이끌기보다는 아이의 의견을 먼저 들어볼 거예요. 설명과 설득은 아이의 간절한 속내를 알아준 다음에 해도 늦지 않습니다. 먼저 아이의 욕구가 인정되면 올바른 선택을 위한 부모님의 조언과 충고도 더 효과적으로 받아들여질 겁니다.

"너도 저 장난감이 갖고 싶구나. 그건 알겠어." (욕구 인정)
"그런데 이미 비슷한 장난감이 있는데 네가 오래도록 안 갖고 놀았어. 그것부터 가지고 놀아." (대안 제시)

"숙제하기 싫지. 그건 알겠어." (욕구 인정)
"놀지 말고 숙제만 하라는 게 아니라, 숙제를 끝내고 놀라는 거야. 네가 할 일을 끝냈을 때 더 즐겁고 맘 편히 놀 수 있어." (설명)

그런데 아이가 어느 정도 성장한 다음부터는 엄마 아빠의 생각으로 아이를 설득하기가 쉽지 않습니다. 자칫하다간 간섭하거나 억압하는 느낌을 주어 반발을 초래할 수도 있지요. 이럴 땐 아이를 독립된 인격체로 동등하게 인정하면서 서로 다른 욕구에 대해 협상하려는 자세가 필요합니다. 엄마 아빠와 아이가 조금씩 양보하면서 서로 만족할 수 있는 접점을 찾아 나가야 하지요.

아이 : 치킨 먹고 싶어요. 배달시켜 주세요.

엄마 : 치킨 먹고 싶어? (욕구 인정)

　　　밤늦게 먹는 게 몸에 안 좋긴 해. (설명)

　　　내일 낮에 먹는 건 어떠니? (대안 제시)

　　　네 생각은 어때? (의사 묻기)

아이 : 먹고 싶은데 참으면, 치킨 생각이 나서 잠이 안 와요. 밤에 먹는 것도 해롭지만, 잠 못 자는 것도 안 좋기는 마찬가지잖아요. (근거 제시)

　　　매일 먹는 게 아니니까 일주일에 한 번 정도는 밤에 먹어도 괜찮을 거 같아요. (의견 제시)

엄마 : 그래. 일주일에 한 번이라면 괜찮다고 생각해. 그럼 더 늦기 전에 얼른 시키자.

가르쳐야 하는 것은 '자제'이지 '억제'가 아닙니다. 아이가 크면 나름의 생각을 가지고 판단할 수 있으니, 앞서서 이끌려고 하기보다는 스스로 자각할수록 돕는 게 중요합니다. "안 돼", "참아"라는 무조건적 금지 대신, 대화로 욕구를 인정하면서 자기 조절력을 키워주는 거지요. 이런 부모의 태도에서 아이는 존중받는다고 느낍니다.

"먹고 싶구나. 먹고 싶지."
"놀고 싶구나. 놀고 싶을 때지."
"저 장난감이 갖고 싶구나. 그건 알겠어."

'아이의 욕구를 인정하는 말'을 해주세요. 아이의 인생에 도움이 되는 좋은 습관을 만들어주는 것도 부모의 일이지만, 지금 당장 아이가 느끼는 욕구를 인정하고 받아들이는 것도 부모의 일입니다. 엄마 아빠가 안 된다고 말할까 봐 욕구를 숨기는 아이에게 가정은 차갑고 메마른 공간으로 느껴질 것입니다. 무조건적인 금지와 명령 대신 인정과 설득의 대화가 오갈 때 아이들은 가정의 단란함을 느낄 거예요.

부모에게 욕구를 인정받는 경험은 아이가 다른 사람과 관계를 맺는 방식에도 영향을 미칩니다. 자꾸 욕구를 부정당하고 거부당하게 되면 아이는 거절이 두려워 다른 사람 앞에서도 자신을 감추게 됩니다. 부모로부터 충분히 욕구를 수용받는 경험이 쌓일 때, 아이는 다른 사람에게도 안전함을 느끼고 편안하게 자신을 드러낼 수 있게 됩니다.

울지 마! 뚝 그쳐! (억압)
➡ 울어도 괜찮아. (감정 인정)

6세 아이가 보드게임에서 지자 게임판을 엎어버리고 우는 상황

아이	왜 자꾸 나만 지는 거야? 안 해! 으아앙!
엄마	질 수도 있고 이길 수도 있는 거지, 이게 울 일이야? (반감)
	네가 울 일이 아니야. (단정)
	뭘 잘했다고 울어? (책망)
	뚝 그쳐! (억압)
	울지 말고 얘기해. (지시)

아이들은 무언가 불편하면 울기부터 합니다. 울면서도 속상한 건지, 슬픈 건지, 화가 난 건지, 억울한 건지 구분하지 못합니다. 자신의 감정에 대해 잘 모르기 때문에 우는 이유도 모르는 것이지요.

이럴 땐 우는 이유를 엄마 아빠가 찾아서 알려줘야 합니다. 자신이 우는 이유를 모르는 아이에게 오히려 왜 우느냐고 따지거나, 우는 이유가 타당하지 않다고 비난하면 아이는 그때그때 상황에 맞는 감정을 배우지 못합니다.

감정의 주인은 아이입니다. 엄마 아빠도 아이의 감정을 금지하고 차단할 수는 없어요. 해도 되는 행동과 해서는 안 되는 행동을 구분하고, 안 되는 행동을 통제하는 과정은 필요합니다. 그러나 감정을 금지할 수는 없는 법입니다. '문제 행동'은 있어도 '문제 감정'은 없으니까요. 감정을 마비시키지 않으면서 아이를 통제하려면, 먼저 감정과 행동을 분별해야 합니다.

이 말은 감정을 친절하게 수용해주라는 뜻이지, 행동에 너그러워지라는 뜻은 아닙니다. 문제 행동에는 엄격해질 필요가 있어요. 우는 건 괜찮지만, 원하는 걸 얻기 위해 떼를 쓰거나 분풀이를 하는 건 괜찮지 않습니다. 그런데 대부분 아이는 울면서 떼를 씁니다. 울음에 떼쓰는 행동이 동반되면 어디까지 받아주고 어디서부터 통제해야 할지 엄마 아빠도 혼란스럽지요. 이때 필요한 것이 감정과 행동의 구분입니다. 아이의 심정은 헤아려주되, 여러 사람을 불편하게 하거나 피해를 주는 행동은 바로잡는 것이지요.

"져서 속상한 건 알겠어." (감정 인정)

"속상해도 게임판을 엎으면 안 되지." (문제 행동 통제)

"네가 악쓰고 우는 거 듣고 있기 힘들어. 다른 식구들에게도 방해가 돼. 네 방 안에서라면 큰 소리로 울어도 괜찮아." (대안 제시)

"방에서 마음껏 울고, 언제든 나와도 좋아. 엄마 아빠가 밖에서 기다리고 있을게." (기다림)

"실컷 울었어? 기분 좀 풀렸어?" (마음 묻기)

우리는 아이가 느끼는 기쁨, 행복, 열정 등 긍정적인 감정에는 관대하지만 슬픔, 분노, 눈물에는 인색할 때가 많아요. 이런 감정들은 엄마 아빠를 불편하게 하니까요. 불안하고 걱정스러운 마음도 생깁니다. 눈물 많은 아이가 학교에서도 저렇게 울면 어쩌나, 혹시 친구들이 울보라고 놀리면 어쩌나, 받아줬다가 더 어리광을 부리면 어쩌나 염려되는 것이지요. 그래서 우는 아이에게 울어도 괜찮다는 말이 쉽게 나오지 않아요.

하지만 틀어막으면 곪아 터지는 게 감정의 속성입니다. 억누르지 말고 자연스럽게 분출하며 해소해나가야 합니다. 울어도 되고 슬퍼해도 괜찮아요. 감정 표현에 가혹해지지 말아야 합니다.

"속상해?" (공감)

"속상한 건 알겠어. 속상하면 눈물이 나지." (감정 해석)

"우는 건 괜찮아." (감정 인정)

"다 울고 나서 얘기하자." (대안 제시)

부모가 가르쳐야 할 첫 번째는 눈물을 삼키는 법이 아니라 눈물로 슬픔을 털어내는 법입니다. 눈물을 참아내는 법은 그 이후에 배워도 늦지 않습니다. 아이에게는 감정을 경험할 충분한 시간이 필요합니다.

"네 마음은 알겠어."

"속상한 거 알겠어."

"네가 화난 데는 그만한 이유가 있을 거야."

"내가 너라도 서운했을 거야."

"슬플 수 있지."

"억울할 수 있어."

"그렇게 느낄 수 있어."

"네가 어떤 마음인지 알겠어."

'아이의 감정을 인정해주는 말'입니다. 마음만 알아줘도 관계가 한결 편안해져요. 감정을 인정해준 사람에게 아이는 이해받았다고 느끼고, 마음을 엽니다. 존중의 핵심은 감정에 있습니다. 감정을 인정받을 때, 아이들은 존중을 경험합니다.

"부모가 가르쳐야 할 첫 번째는
눈물을 삼키는 법이 아니라
눈물로 슬픔을 털어내는 법입니다. "

말대답하는 거 아니야! (면박)
➡ 궁금한 건 알겠어. (생각 인정)

> **초4 아이가 궁금한 걸 자꾸 물어보는 상황**
>
> 아이 왜요? 왜 안 돼요?
>
> 아빠 무슨 말 만하면 '왜요'야? 너는 '왜요'가 아주 입에 붙었구나.
>
> (성급한 일반화)
>
> 어른 말하는 데 토 다는 거 아니야! (면박)
>
> 건방지게 어디서 말대답이야? 버릇없이! (판단)

아이는 궁금해서 물어본 것뿐인데, 어른들은 "왜요?"라는 말에
언짢아질 때가 있지요. 퉁명스러운 말투와 불만 가득한 표정을 보
면 대들고 반항하는 건가 싶은 생각이 들기도 해요. 그래서 토 달지
말라며 면박을 주고, 질문에 대한 답 대신 말대답하지 말라는 핀잔

을 돌려주고 맙니다.

그런데 부모의 말에 의문을 품거나 의견 제시하는 걸 말대답으로 판단하고 질책하면, 아이는 점점 엄마 아빠의 대화를 불편해할 거예요. 부모님 앞에서 자신의 주장을 내세우는 걸 어려워하게 될 수도 있지요. 궁금한 게 있어도 선뜻 질문을 못 하는 겁니다.

미움받지 않기 위해 아이들이 자신의 호기심과 궁금증을 박제시키는 건 슬픈 일입니다. 토 다는 게 아니라 생각을 말하는 과정으로, 버릇없는 게 아니라 표현에 서툰 것으로 이해하고 인정해주면 어떨까요?

"이유가 궁금해? 네가 궁금한 건 알겠어." (생각 인정)

"궁금할 때 그냥 넘어가지 않고 물어보는 건 좋은 태도야." (태도 인정)

청소년기 아이를 둔 부모님 중에는 대화의 단절을 경험하는 경우가 적지 않습니다. 아이가 방문을 닫은 채 어떤 상호작용도 거부하는 상황에 비하면 말대꾸라도 하는 편이 훨씬 낫지요. 만약 아이의 말하는 방식이 불편하다면 이렇게 말해주세요.

"물어보는 건 좋은데, 네 말투가 꼭 따지는 것 같아." (말투 교정)

"'왜요'라고 하지 말고, '이유가 궁금해요'라고 하면 어때?" (대안 제시)

야단을 칠 때도 비슷합니다. 아이는 자신의 잘못에 대해 곧바로 인정하기보단 억울하다고 변명을 하는 경우가 흔해요. 혼나기 싫은 마음에 핑계를 대기도 하고요. 그런데 변명이나 핑계라는 것은 어쩌면 어른 관점에서 내린 섣부른 판단일 수 있습니다. 아이는 그저 자신의 억울함을 적극적으로 설명하려고 한 것일 뿐인데요.

우선 엄마 아빠는 아이의 말을 끝까지 경청해야 합니다. 생각의 오류는 충분히 들어준 다음에 교정해줘도 늦지 않습니다.

"네 생각은 알겠어.", "넌 그렇게 생각하는구나. 그런데……." (생각 인정)

아이가 무슨 말이든 거리낌 없이 할 수 있는 사람, 어떤 질문을 해도 괜찮다고 여기는 안전한 사람이 성장 과정에서 한 명쯤은 있어야 합니다. 그래야 상상력, 창의성을 펼치며 아이답게 무럭무럭 자라날 수 있습니다.

"네가 궁금한 건 알겠어."

"무슨 뜻인지 알겠어."

"너로서는 그렇게 생각할 수 있지."

"네 생각은 충분히 이해가 돼."

"솔직하게 얘기해줘서 고마워."

'아이의 생각과 의도를 인정해주는 말'입니다. 부모님이 판단하기 전에 아이의 이야기를 주의 깊게 듣고 있다는 반응이지요.

자신의 생각을 제대로 표현하고 소신 있게 말할 수 있는 사람으로 성장하기 위해서는 생각을 거부당하지 않고 인정받는 경험이 꼭 필요합니다. 아이의 견해에 항상 공감하고 전적으로 동의해줄 수는 없다 하더라도, 아이의 관점을 이해하고 인정해주는 일은 가능해요. 세련된 어법은 크면서 차차 배우면 됩니다. 부모로부터 욕구와 감정, 생각을 표현하도록 장려받을 때 아이는 존중을 배웁니다.

두 걸음,
마음을 활짝 열게 만드는
긍정의 말

긍정의 말
2-1

왜 변덕이야? (판단)
➡ 생각이 바뀌었어? (긍정적 이해)

7세 아이가 차에서 신발이 불편하다고 떼를 쓰는 상황

아이 신발이 불편해요. 발이 아파서 걷기 힘들어요. 슬리퍼로 바꿔 신고
　　　싶어요.

아빠 네가 운동화 신겠다고 했잖아! 이미 출발했는데 변덕 부리면 어떻게
　　　해? 집에 다시 못 가. 그냥 신어. (부정적 판단)

중2 아이가 아침에 늦잠을 자는 상황

엄마 이제 그만 좀 일어나.

아이 음, 졸려요. 조금만 더 자면 안 돼요?

엄마 아침마다 너 깨우는 게 일이야. 이렇게 게을러서 엄마 없이 어떻게
　　　살래? (부정적 판단)

> **초1 아이가 손가락이 베여 아프다고 울먹이는 상황**
>
> 아이　손가락이 베어서 너무 아파요. 아파서 못 씻겠어요. 씻으면 피 날 것
> 　　　같아요.
> 아빠　살짝 베인 거 가지고 엄살이야. 샤워해도 안 죽어! (부정적 판단)

학년이 올라갈수록 아이들은 아침잠이 길어지는 경향이 있습니다. 점점 잠드는 시간이 늦어지기도 하고, 공부량도 많아지기 때문이지요.

조금만 더 자겠다는 아이를 깨우기는 참 어렵습니다. 이랬다저랬다 하는 변덕 받아주기도 힘들고요. 샤워 못 하겠다고 떼쓰는 아이 설득하는 일도 버겁게 느껴질 때가 있어요. 엄마 아빠도 참 고단합니다.

그런데 변덕, 게으름, 엄살 모두 엄마 아빠 기준의 부정적 판단입니다. 부정적인 감정이 부정적인 생각을 낳고, 아이에 대한 부정적인 판단으로 이어지는 것입니다.

누구나 아이가 마음에 들지 않을 때가 있어요. 그러나 아무리 부모라고 해도 아이를 바꾸고 고치지는 못합니다. 우리가 고칠 수 있는 건, 아이를 바라보는 시선뿐입니다. '이 아이를 어떻게 하지?'에서 '내 시각을 어떻게 바꾸어야 할까?'로 관점을 바꿔야 합니다. 엄

마 아빠가 먼저 부정적이고 자기중심적인 사고에서 벗어나야 아이를 향한 말도 변화할 수 있습니다.

"운동화에서 슬리퍼로 생각이 바뀌었어? 그런데 이미 출발해서 집으로 다시 돌아갈 수는 없어." (긍정적 이해)

"한창 꿀잠 잘 아침 시간에 일찍 일어나는 거 힘들지? 그래도 눈 비비고 일어나서 등교 준비하는 거 보면 참 대견해." (긍정적 이해)

"살짝 베인 거라 샤워해도 괜찮은데, 불편하면 방수밴드 붙여줄게." (긍정적 이해)

같은 행동이라도 엄마 아빠가 어떤 관점으로 보느냐에 따라 해석이 달라집니다. 부모의 말 속에 담긴 정서는 아이에게 전염됩니다. 부정적이고 파괴적인 말을 들은 아이는 위축되어 제 능력을 온전히 발휘하지 못하고, 긍정적이고 건설적인 말을 들은 아이는 실제로 좋은 결과를 만들어낼 확률이 높습니다.

아이의 미래는 무궁무진한 가능성을 품고 있습니다. 지금은 늦잠을 자는 아이가 나중에는 부지런한 아이로 성장할 수도 있고, 엄살이 심한 아이가 씩씩한 아이로 성장할 수도 있습니다. 당장 부정적인 판단을 내리는 건 성급한 일입니다. 어떻게 커나갈지 아이의 미래는 아무도 모르니까요. 부정적인 판단은 아이와 부모님 모두를 힘들게 만들 뿐이에요. 아이에게 부정적 판단 대신 긍정적으로 이해해주는 말을 건네주세요.

너 이러면 수포자 돼! (위협)
➡ 하다 보면 쉬워져. (위안)

초2 아이가 수학 공부를 힘들어하는 상황

아이   이 부분은 너무 어려워요. 안 하면 안 돼요?

엄마   지금 연산 싫다고 안 하면 나중에 수포자 돼. (위협)

초4 아이가 친구에게 말을 함부로 하는 상황

아이   네 얼굴 오스트랄로피테쿠스.

엄마   자꾸 그렇게 친구한테 함부로 말하면 너 왕따 돼. (위협)

초5 아이가 게임만 하려고 하는 상황

아이   이번 판만 하고 끌게요.

아빠   그렇게 책 안 읽고 게임만 하면 바보 돼. (위협)

초3 아이가 간식을 너무 많이 먹는 상황

아이   조금만 더 먹으면 안 돼요?

아빠   그만 먹어. 이렇게 많이 먹으면 돼지 돼. (위협)

초6 아이가 겨울에 얇은 옷을 입고 등교하려는 상황

아이   전 이 옷이 마음에 든단 말예요.

엄마   그렇게 얇게 입으면 감기 걸려. 멋 내다가 얼어 죽어. (위협)

연산을 매일 꾸준히 해야 한다고 말하면 될 걸, 나중에 수포자 된다고 위협합니다. 친구를 배려하도록 가르치면 될 걸, 이러다 왕따 된다고 겁을 주기도 해요. 게임을 적당히 하도록 타이르면 될 걸, 바보 된다는 말을 덧붙여 위협합니다.

예시로 든 말에는 공통적인 오류가 있습니다. 앞의 말이 '아이'의 행동이라면, 뒤따르는 말은 '부모'의 염려와 걱정입니다. 주체가 달라요.

연산을 싫어하는 사람은 아이지만, 수포자가 될까 봐 심란한 사람은 엄마 아빠입니다. 친구에게 이기적으로 구는 사람은 아이지만, 왕따 될까 봐 염려하는 사람은 엄마 아빠입니다. 책 안 읽고 핸드폰만 보는 사람은 아이이고, 바보 될까 봐 근심하는 건 엄마 아빠예요. 역시 많이 먹는 사람은 아이이고, 뚱뚱해질까 봐 우려하는 사람도 엄마 아빠입니다.

아이는 아무런 생각이 없는데, 오히려 부모의 걱정거리를 아이에게 던지고 있는 셈이지요. 훈육인 것 같지만, 본질은 부모의 불안으로 아이를 꾸짖는 말이에요. 부모의 부정적인 마음을 아이에게 옮기는 일이기도 합니다.

지금 아이의 행동과 미래를 향한 엄마 아빠의 불안 사이에는 뚜렷한 상관관계도, 명확한 인과관계도 없습니다. 둘은 별개예요. 많이 먹으면 뚱뚱해질 수 있지만, 아닐 수도 있습니다. 추운 날 얇게 입으면 감기에 걸릴 수도 있지만, 얼어 죽는다는 것은 비약이에요. 이기적이면 호감을 얻기 어렵겠지만, 그렇다고 왕따가 된다는 건 너무 극단적인 우려입니다. 부정적이고 파국적인 최악의 상황을 마치 예정된 결과인 듯 말하고 있어요.

불안과 걱정은 아이의 것이 아닌 부모님의 것입니다. 다루는 일 역시 부모님의 몫이에요. 아이에게 불안을 심어주고 자극하기보다는 안심시키고 차분하게 설명해주세요. 부정적인 미래를 주입하기보다는 긍정적으로 나아가야 할 방향을 제안하는 것이 훨씬 현명합니다.

"연산을 매일 꾸준히 하다 보면 수학이 쉬워지고 재미있어져." (위안)

"친구한테 ~해, ~하지 마, 라는 말 대신, ~해줄래? ~안 하면 좋겠어, 라고 말해봐. 그럼 친구가 너에게 더 호감을 가질 거야." (제안)

"네가 그 게임을 좋아한다는 건 알겠어." (욕구 인정)
"그런데 너를 똑똑하게 만드는 건 게임이 아니라 독서야. 책 읽으며 똑똑해지는 시간도 가져야 해." (제안)

"맛있어? 더 먹고 싶어?" (욕구 인정)
"그런데 네 건강을 위해서 먹는 양을 줄여나가면 좋겠어." (위안)

"그렇게 입으니 잘 어울리네. 멋지다." (생각 인정)
"그런데 오늘 날씨가 꽤 쌀쌀해. 그 옷만으로는 추울 거야. 잠바 하나 걸치고 가봐." (제안)

왕따 된다, 바보 된다, 돼지 된다고 겁을 주면 당장은 행동이 개선될 수 있습니다. 하지만 그 효과는 일시적이에요. 겁먹게 하는 것만으로는 아이가 그 행동을 왜 하면 안 되는지 명확히 설명할 수 없으니까요. 겁주는 것도 한두 번이지, 위협하는 말에 계속 노출된 아이는 엄마 아빠의 말을 흘려듣게 될 수 있습니다. 반대로 사소한 일에도 괜한 공포와 두려움을 갖게 될 수 있고요.

아이는 부모님을 통해 세상을 배웁니다. 부모님이 보여주는 모습, 해주는 말에 따라 세상을 긍정적으로 바라보기도 하고, 두려움과 불안한 시선으로 바라보기도 합니다. 부모님의 긍정적인 말이 필요한 이유입니다.

부모님의 긍정적인 말은 아이의 내면에 차곡차곡 쌓여 평생의 삶을 단단하게 지탱해주는 토양이 될 것입니다.

또 양말 아무 데나 벗어놔? (추궁)
➡ 익숙하지 않아서 그래. (긍정적 해석)

초3 아이가 문제를 제대로 읽지 않고 실수를 하는 상황

아이 어, 이게 왜 틀렸지?

엄마 문제부터 차근히 읽으라고! 옳지 않은 것을 찾으라는데 옳은 것을
찾으니까 틀리잖아. 실수도 다 네 실력이야. (비난)

초4 아이가 옷가지를 아무 데나 벗어놓는 상황

아이 엄마, 내가 좋아하는 양말 안 빨았어요?

엄마 또 아무 데나 벗어놓지? 빨래통에 넣으라고 몇 번을 말해? 엄마 아
빠 힘든 거 안 보여? (추궁)

초1 아이가 필순을 지키지 않고 글씨를 쓰는 상황

아이 글씨 쓰기 너무 힘들어요.

아빠   순서를 지켜서 써야지. 번호대로 써. (명령)

초6 아이가 띄어쓰기도 안 지키고, 글씨도 엉망으로 갈겨쓰는 상황

아이   숙제 다 했어요.

아빠   글씨가 이게 뭐야? 너 중학교 가면 수행평가 다 서술이야. 이렇게 쓰면 점수 못 받아. 빵점 받기 싫으면 글씨 고쳐! (파국적 사고)

초5 아이가 약속을 지키지 않고 게임을 계속하는 상황

아이   딱 10분만 더 할게요.

엄마   30분만 하기로 했는데 왜 약속을 안 지켜? 네가 이러니까 엄마 아빠가 게임 안 시켜 주겠다고 하는 거야. 거짓말하는 너를 믿을 수가 없잖아! (수치심 유발)

7세 아이가 보드게임을 하다가 마음대로 안 되자 눈물을 터뜨리는 상황

아이   또 졌어. 으아앙.

아빠   질 수도 있고 이길 수도 있는 거지, 이게 울 일이야? 기껏 놀아주면 꼭 이래. (과잉 일반화)

아이의 부족한 부분을 마주했을 때 엄마 아빠는 그것을 바로잡 아주고자 합니다. 그런데 엉뚱하게도 마음과 달리 아이를 비난하거나 추궁하고, 수치심을 주면서 명령하는 말이 나올 때가 있어요.

아이가 가진 능력을 이끌어내기 위해서는 부정적인 말을 당장 멈추어야 합니다. 부정적인 말은 아이의 잠재력이 발휘되는 걸 방해할 뿐이에요. 자식이 잘되기를 바라는 부모님의 진심이 아이에게 오롯이 전해지려면 무엇보다 말부터 바꿔야 합니다. 아이의 문제에 주목하는 말 대신 가능성을 보는 긍정의 말을 건네보시기 바랍니다.

"문제부터 읽는 게 익숙하지 않아서 그래. 많이 안 해봐서 그래. 하다 보면 좋아져. 자, 문제부터 차근차근 읽어보자." (긍정적 해석)

"빨래통에 넣는 게 익숙하지 않아서 그래. 많이 안 해봐서 그래. 하다 보면 나아져. 벗은 옷 빨래통에 넣어보자." (긍정적 해석)

"순서대로 쓰는 게 익숙하지 않아서 그래. 많이 안 해봐서 그래. 하다 보면 지켜져. 자, 순서대로 천천히 써보자." (긍정적 해석)

"글씨랑 띄어쓰기 고치는 게 쉽지 않아. 어려운 일이야. 자꾸 해보면 점점 나아져. 자, 띄어쓰기 지키고 글씨 또박또박 써보자." (긍정적 해석)

"한창 게임 재미있게 하다가 끄는 게 쉽지 않아. 어려운 일이야. 자꾸 해보면 익숙해져. 자, 네 힘으로 꺼보자." (긍정적 해석)

"이기고 싶었을 텐데, 지는 걸 받아들인다는 게 쉽지 않아. 어려운 일이야. 자꾸 경험해보면 나아져. 항상 이길 수는 없으니까." (긍정적 해석)

위 사례처럼 긍정적 해석을 이끌어내는 말에는 모두 공통점이 있습니다. 바로 아이의 부족함을 문제가 아닌 과정으로 본다는 것이지요. 부정적인 현재에 집중하기보다는 긍정적인 미래를 바라보는 말이기도 합니다.

"익숙하지 않아서 그래."
"많이 안 해봐서 그래."
"쉽지 않아. 어려운 일이야."
"자꾸 해보면 쉬워져."

부모님이 믿음의 말을 건네주면 실수를 자주 하던 아이도 의욕적으로 배우려는 마음을 가질 수 있습니다. 아이의 행동이 마뜩잖아도 긍정적인 시각으로 바라봐주면 아이는 발전적인 마음을 먹을 수 있습니다. 부족한 부분을 메우려고 애쓰기보다는 좋은 점을 발견하고 긍정적으로 이야기하려고 노력해보세요. 아이뿐만 아니라 부모님들 자신에게도요. 아래는 이 책을 읽고 계시는 모든 부모님께 제가 꼭 전하고 싶은 얘기입니다.

"엄마 아빠 역할이 쉽지 않아요. 어려운 일이에요. 연습하고 노력하면서 부모님도 성장하는 것이지요."

"새로운 말이 익숙하지 않아서 그래요. 많이 안 해봐서 그렇습니다. 하다보면 달라져요. 자, 오늘부터 연습해봅시다."

아이의 문제에 주목하는 말 대신
가능성을 보는 긍정의 말을 건네주세요.

항상, 맨날 이래! (증폭)
➡ 앞으로는 이렇게 해. (당부)

초5 아이가 물건을 쓴 뒤 아무 데나 놓는 상황

엄마	대체 이게 몇 번째야? (횟수 연결)
	항상 이런 식이야. (부정적 일반화)
	아주 습관이 못됐어! (전부로 확대)
아이	항상 아니거든요. 제자리에 놓은 적도 있어요.

쓴 물건은 항상 제자리에 두어야 한다고 가르치려고 한 말인데, 정작 아이에게 한 말을 살펴보면 부정적인 메시지만 가득합니다. 이렇게 부정적인 말을 나열하고, 부정적인 방향으로 생각을 증폭시키는 것은 아이와의 대화에 있어 반칙입니다.

대화의 본질을 흐리는 첫 번째 반칙, 부정적 나열

> "대체 이게 몇 번째야?" (횟수 연결)
> "네가 제대로 하는 게 뭐 있어?" (과오 연결)
> "너 학교에서도 이래?" (장소 연결)
> "네 친구들한테도 이렇게 하니?" (사람 연결)
> "커서 뭐가 되려고 이래?" (장래 연결)

부모의 이런 질문에 아이는 어떻게 답해야 할지 난감합니다. 학교에서도 이러냐는 물음에 "네, 학교에서도 이래요"라고 답하면 엄마의 걱정이 눈덩이처럼 커질 것이고, "아니요. 학교에서는 안 그래요. 집에서만 이래요"라고 답하면 "왜 집에서만 그래? 엄마가 만만해?"라고 따지고 들 테니까요. 어떻게도 답하기가 곤란합니다. 이런 질문은 아이를 궁지로 몰아세울 뿐이지요.

대화는 지금 이 상황의 문제를 다루어야 합니다. 해당 이슈에서 벗어나 이전의 잘못을 끄집어내어 현재의 상황과 연결시키는 일, 또 미래로 확대시키는 일, 줄줄이 나열하는 일 모두 대화의 본질을 흐리는 반칙이에요.

대화의 본질을 흐리는 두 번째 반칙, 부정적 일반화

> "맨날 이래." (빈도 증폭)
> "항상 이래." (빈도 증폭)
> "늘 이런 식이야." (과잉 일반화)
> "아주 습관이야." (과잉 일반화)

'맨날', '항상', '늘', '언제나'라는 단어는 열 번 중에 열 번, 백 번 중에 백 번을 의미하며 예외를 인정하지 않아요. 아이의 문제 행동을 지적할 때 이런 빈도 부사를 쓰게 되면 일부 행동을 일반화시키게 됩니다. 물건을 제자리에 놓지 않은 일부 '행동'이 어느새 물건을 제자리에 안 두는 '아이'로 규정되고 말지요.

아이의 잘못된 행동에 이런 단어를 결합시키면 다툼의 빌미가 될 수도 있습니다. 한두 번 실수한 건데 '맨날 이런다'는 식의 말을 들으면 반발심이 생기거든요. 단 한 번의 예외라도 있다면 아이는 억울하지요.

잘못된 행동을 했다 하더라도 그것은 아이가 가진 여러 행동 양상의 일부분일 뿐입니다. 일부분은 일부분으로 말해야지 전부로 증폭시켜서는 안 됩니다. 최대한 사실에서 벗어나지 않도록 말하는 게 대화의 핵심입니다.

> "물건 쓰고 제자리에 두지 않는 거, 처음이 아닌 거 알지?" (횟수 한정)
> "항상 그런 건 아니지만 네가 자주, 종종 물건을 아무 데나 둔단다. 좀 주의를 기울여줘." (횟수 한정)
> "네가 물건 제자리에 두는 걸 깜빡할 때가 있어." (일부로 한정)
> "네가 덤벙거리는 면이 있긴 해." (일부로 한정)

엄마가 정말 하고 싶었던 말은 무엇일까요? 지적에 가려진 엄마의 진심은 '앞으로 그러지 말아 달라는 바람'일 것입니다. 그런데 항상 아니라고, 안 그런 적도 있다는 아이와 시시비비를 가리느라 관련 없는 장소, 시간과 엮어 아이를 공격하게 되지요. 진짜 하고 싶은 말은 뒷전인 채로요. 이제 괜한 말꼬리를 잡는 대신 진심을 전해보도록 해요.

> "앞으로는 제자리에 놓자." (당부)

아무리 당부를 해도 아이가 바뀌지 않는다고요? 물론입니다. 이미 몸에 밴 습관을 바꾸기란 쉽지 않으니까요. 어른도 마찬가지입니다. 충분히 시간이 필요한 일입니다. 끊임없이 아이의 흠집을 들추거나 매사에 흠을 잡는 것으로는 그 시간이 앞당겨지지 않습니다. 오히려 아이의 정서에 부정적인 영향만 끼칠 뿐이에요. 지난 일은 마음속에서 얼른 지우고 보내주는 것이 최선입니다.

과거의 잘못을 나열하고 증폭하는 것은 반칙입니다. 대화에도 페어플레이 정신이 필요합니다. 정정당당한 대화의 기술이란 단순해요. 과장 없이 사실을 전하고, 관련 없는 이야기로 주제를 흐리지 않는 것, 두 가지면 됩니다.

지우고 다시 써! (지적)
➡ 숙제부터 끝냈네. 멋지다. (격려)

초3 아이가 숙제를 자꾸만 미루는 상황

엄마 숙제해. (지시)

아이가 숙제한 것을 보고,

글씨가 도대체 이게 뭐야? 이렇게 쓰면 선생님도 못 알아봐. 지우고
다시 써. (지적)

초1 아이와 함께 이웃집 할머니를 만난 상황

아빠 인사해. (지시)

아이가 인사한 다음에,

다시 해. 큰 소리로 씩씩하게. (지적)

　항상 아이가 조금 더 잘하기를 바라는 게 부모의 마음입니다. 문제는 그런 마음이 지적으로 이어진다는 것이지요. 기껏 숙제한 아이에게 글씨 지적을 하고, 인사한 아이에게 태도 지적을 합니다. 방정리한 아이에게 오히려 야단을 치고, 책 읽는 아이에게 핀잔을 줍니다. 아이 입장에서 생각해보면 정말 속상한 일이 아닐 수 없습니다. 열심히 했는데 칭찬은커녕 안 좋은 소리만 들었으니까요.

　이런 지적은 아이가 스스로를 부족하고 미완성인 존재라고 느끼게 합니다. "엄마는 왜 맨날 혼만 내요?", "아빠는 왜 맨날 화만 내요?" 하면서 서운해하는 것도 바로 이런 이유이지요.

　물론 이왕이면 큰 소리로 씩씩하게 인사하는 게 좋고, 글씨까지 바르게 쓰는 게 좋습니다. 방도 깨끗하고 말끔하게 치우고, 책도 학습만화보다는 줄글로 된 책을 읽는 게 좋겠지요. 그러나 첫술에 배부를 수는 없습니다. 막 걸음마를 뗀 아이에게 똑바로, 제대로, 씩씩하게 걸으라고 할 수 없는 것처럼요. 무언가에 능숙해지기까지는 시간과 연습이 필요합니다. 처음부터 잘하기를 기대하는 건 엄마 아빠의 조급함이에요. 조급함으로 지적하면 아이는 기가 죽고 자신감을 잃습니다.

아이가 어떤 일을 시도한다면 그것만으로도 기특하다고 인정해주세요. 일을 마무리하면 잘하고 못하고를 평가하지 말고 끝까지 해냈다는 거 자체를 칭찬해주시고요. 지적의 말 대신 격려의 말을 건네는 부모님이 되어주세요.

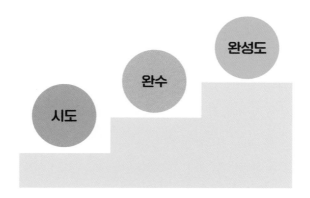

무엇이든 시도할 줄 아는 아이가 끝까지 완수할 수 있는 기회를 얻고, 반복해서 완성도를 높여갈 수 있는 기회를 얻습니다. 그 다음 단계로 나아가는 데는 칭찬이 필수이고요. 먼저 시도를 칭찬하고, 다음으로 완수를 칭찬해주세요. 시도와 완수 경험이 충분히 쌓이면 그때 완성도에 대해 말해도 늦지 않습니다. 이렇게 배움의 과정은 자연스럽습니다. 더 잘하라고 다그치지 않아도 괜찮아요.

"인사도 잘하네."(시도 칭찬)

수줍음 많은 아이가 개미만 한 목소리로라도 "안녕하세요" 하고 인사를 했다면 그저 잘했다고 말해주세요. 인사하기가 익숙해지면 점차 큰 소리로 씩씩하게 인사하게 될 거예요.

"책 읽는 모습이 너무 보기 좋다."(시도 칭찬)

평소 책을 안 읽고 핸드폰만 하던 아이가 책을 붙잡았다면 무엇을 읽든 칭찬해주세요. 학습만화를 통해 책이 재미있다는 사실을 알게 되면 점차 줄글 책에도 재미를 느끼게 될 거예요.

"숙제부터 끝냈네. 멋지다." (완수 칭찬)

숙제를 미루던 아이가 숙제부터 끝냈다면 그 자체를 격려해주세요. 자꾸 지적하면 글씨 쓰기에 점점 자신감을 잃을 테니까요. 예쁘게 쓰는 건 서서히 배워가면 됩니다.

"덕분에 엄마가 정리하는 수고를 덜었어. 고마워." (격려)

아이가 그동안 하지 않았던 무언가를 시도했다면, 나아가 완수했다면, 조금 부족해도 눈감아주세요. 한 걸음씩 단계를 거치며 아이는 성장해요. 단숨에 높은 수준으로 올라갈 수는 없어요. 미숙함도 성장의 일부입니다. 조급함을 내려놓고 느긋한 마음으로, 아이의 사소한 성취와 작은 과업 완수에 애정 어린 칭찬과 격려를 해준다면 아이는 더디지만 천천히 배워나갈 것입니다.

아이가 엄마 아빠의 기준에 턱없이 못 미친다면, 아이가 서툰 탓도 있지만 엄마 아빠가 조급한 탓도 있어요. 부모님의 역할은 아이의 미숙함을 '고치는' 것이 아니라 아이의 미숙함을 '견디는' 것입니다.

세 걸음,
사랑을 오롯이 전하는
다정한 말

'잘못했어요' 해! (지시)
➡ 잘못한 거 알면 엄마 안아줘. (제안)

초2 아이가 잘못을 저지르고도 입을 다물고 있는 상황

아이   ⋯⋯

엄마   네가 뭘 잘못했는지 말해봐. (시인 지시)

'잘못했어요' 해. (인정 강요)

'죄송해요' 해. (사과 지시)

또 그럴 거야? '다시는 안 그럴게요' 해! (다짐 지시)

아이가 잘못을 저질렀을 때, 엄마 아빠는 아이가 자기의 입으로 잘못을 시인하고 다시는 안 그러겠다고 씩씩하게 말해주길 바랍니다. 하지만 아이의 입은 묵묵부답입니다. 결국 엄마 아빠는 아이에게 잘못을 인정하라고 다그치게 되지요.

아이의 잘못을 확실하게 되짚어주고, 반복하지 않도록 교육하는 과정은 반드시 필요합니다. 잘못을 저질렀는데도 얼렁뚱땅 넘어가는 것은 교육적이지 않으니까요. 그러나 근엄한 명령과 무서운 훈계로 아이를 다그쳐야만 했는지는 고민해볼 문제입니다. 따뜻한 시선과 말로도 아이가 잘못을 시인하고 반성하도록 가르칠 수 있으니까요.

이럴 땐 어떤 다정한 말이 필요할까요?

"잘못한 거 알았으면 엄마 손 잡아줘."
"미안한 마음이 있으면 와서 엄마 안아줘."
"앞으로 그러지 않을 거면 아빠랑 손가락 걸고 약속해."

'손 잡아줘', '안아 줘', '손가락 걸어줘' 등은 부모가 아이를 존중하고 있음을 나타내는 표현입니다. 아이는 엄마 아빠의 말을 통해 충분히 존중받는 상태에서 자신의 잘못을 시인하고, 사과하고, 다짐할 수 있어요. 아이 입장에서는 당연히 지시, 명령, 강요의 말보다 쉽고 따뜻하게 느껴지겠지요.

미안한 마음이 없어서, 잘못을 몰라서가 아니라 부모님의 냉담하고 근엄한 지시에 주눅이 들어서 입을 못 떼는 아이가 많습니다.

무서워서 얼음이 되는 것이지요. 어른들도 살벌한 분위기 속에서는 말문이 막힐 때가 있잖아요.

잘못에 관대해지라는 게 아닙니다. 잘못을 인정하고 반성하는 방법도 가르쳐야 해요. 다만 '아이의 마음 높이'에서는 그 과정이 버겁게 느껴질 수도 있다는 점을 '아이의 눈높이'에서 생각해주세요. 아이의 마음이 튼튼하게 자랄 때까지 덜 냉소적으로, 좀 더 다정하게 말해주세요.

아빠 화나게 하지 마! (금지)
➡ 이럴 때는 좀 기다려줘. (요청)

7세 아이가 엄마 아빠의 대화에 막무가내로 끼어드는 상황

아이   아빠는 엄마랑만 얘기하고 내 얘기는 안 들어줘. 칫!

아빠   그만해! 아빠 화나게 하지 마. (분노 유발 금지)

중1 아이가 온종일 침대에서 누워 핸드폰만 보는 상황

아이   나가기 귀찮아요. 집에서 유튜브나 볼래요.

엄마   핸드폰 그만해. 엄마 짜증 나게 하지 마! (짜증 유발 금지)

초4 아이가 반찬 투정을 하는 상황

아이   이거 먹기 싫어요. 볶음밥 만들어줘요.

엄마   그냥 먹어. 엄마 피곤하게 좀 하지 마! (피로 유발 금지)

컨디션이 나쁘거나 스트레스가 심할 때는 그냥 넘어갈 수 있는 일에도 짜증이 납니다. 그리고 그 분노는 자신을 떠나 다른 사람에게 향합니다. 주로 자신과 가까운 사람, 신뢰할 만한 사람, 약한 사람이 대상이 되지요. 대표적인 게 바로 가족입니다. 그 대상이 사랑하는 아이라 해도 예외는 없어요.

그나마 어른들은 짜증, 분노를 내는 사람이 왜 그러는지 가늠하고 대화를 통해 오해가 생기지 않도록 조정할 수 있습니다. 하지만 아이는 아닙니다. 엄마 아빠가 화나게 하지 말라고 하면 아이는 '나 때문에 화가 났구나', '내가 뭔가 크게 잘못했나 봐' 하고 생각합니다. 부모의 감정에 대해 막연한 죄책감과 책임감을 느끼지요. 이때 아이는 엄마 아빠의 기분을 거스르지 않도록 눈치를 슬슬 살피는 일 외에는 할 수 있는 게 없어요.

분명한 건 분노도, 짜증도, 스트레스도 감정의 주인이 다루어야 한다는 사실입니다. 불편한 감정의 원인이 자신에게 있다는 사실을 인지하고, 해결의 열쇠도 본인이 찾아야 합니다. 아빠의 화는 아빠가 다루고, 엄마의 짜증은 엄마가 다루어야 해요.

이렇게 컨디션이 안 좋을 때는 아이에게는 냉소적인 말을 건네는 대신 차분하게 화내는 이유를 설명해주세요. 또 원하는 바를 명확히 아이에게 전달하고 요청하세요. 엄마 아빠가 화내는 이유, 짜증 내는 이유를 정중하게 설명하고 어떻게 해주었으면 하는지를요. '이런 상황이라 엄마 아빠가 화를 내는구나', '전부 나 때문은 아니구나' 하고 느끼게 해주는 게 중요합니다.

"아빠가 엄마랑 얘기하고 있을 때, 네가 끼어들면 아빠는 화가 나." (설명)
"네가 엄마 아빠의 대화 시간을 소중히 여겨주면 좋겠어. 얘기 중일 때는 좀 기다려줘." (요청)

"주말인데 네가 나들이 가기 싫다고 하고 핸드폰만 붙잡고 있으니까 엄마도 짜증이 나." (설명)
"모처럼 아빠도 집에 계시고 오늘 날씨도 좋잖아. 바깥바람도 쐬고 가족끼리 시간을 보내면 좋겠어." (요청)

"네가 원하는 음식을 끼니마다 해줄 수는 없어. 자꾸 조르면 엄마도 힘들고 피곤해." (설명)

"반찬 다 해놨는데 네가 고기반찬만 고집하면 엄마도 힘들어." (설명)

"엄마가 해주는 대로 골고루 맛있게 먹었으면 해." (요청)

부모님의 감정을 어떻게 처리하느냐에 따라 관계의 질이 달라집니다. 아이에게 감정의 화살을 돌리는 일이 반복되면 친밀한 관계에 금이 갈 수 있어요. 아이를 분노 유발자, 짜증의 원인 제공자로 여겨서는 안 됩니다. 그것이 존중입니다.

아무리 가족이라고 해도 저절로 평화가 유지되지는 않아요. 가족 간에도 갈등은 있게 마련입니다. 화가 나거나 기분이 상하면 마음속에서 날카롭게 벼리지 말고 솔직하게 얘기하세요. 차분하게 설명하고 의견을 조율하다 보면 평화와 안정이 찾아옵니다. 가정의 화목함은 거저 얻어지는 게 아니라 '소통'이라는 노력으로 일궈지는 산물입니다.

특히 갈등 상황 속에서도 부모님이 다정함과 정중함을 잃지 않기 위해 끊임없이 노력하는 모습을 보인다면, 아이들은 어디 가서든 "우리 가족은 화목해"라고 자신 있게 말할 수 있을 거예요. 어떤가요? 아이들에게 존중의 말을 건넬 충분한 이유가 되지 않나요?

다정한 말
3-3

먹었으면 치워! (명령)
➡ 그릇 개수대로 가져와줄래? (부탁)

초4 아이와 함께 저녁을 먹는 상황

엄마　자기 수저 챙겨서 식탁에 놔. (지시)

먹었으면 접시 개수대에 갖다 놔! (명령)

먹는 사람 따로 있고, 치우는 사람 따로 있어? (비꼬기)

주스 마신 컵 방에 두면 어떻게 해? 너한테 설거지하라는 게 아니잖
아. 내놓는 거 하나를 못 해? (죄책감 유발)

　엄마 아빠가 지시와 명령을 내리면 아이는 싫어도 해야만 합니
다. 엄마 아빠 말을 듣지 않으면 반항하는 것으로 받아들여져 더 크
게 혼날 테니까요. 아이에게는 다른 선택권이 없습니다.

　그런데 지시와 명령이 반복되면 어느 순간부터 아이는 시키는

대로만 합니다. 시키지 않으면 아예 할 생각을 안 하지요. 수동적인 아이가 돼버리는 거예요. 이렇게 같은 일이라도 해야 한다고 강요당하는 순간, 아이는 흥미를 잃어요.

반면에 엄마 아빠가 권유하고 부탁하는 집에서 자란 아이는 자신에게 선택권이 있다고 느낍니다. 어떻게 반응할지 스스로 결정하고 움직이지요. 그래서 자신이 선택한 일에 대해 재미와 보람을 느끼고, 나아가 책임감까지 갖게 됩니다.

> "식탁에 수저 좀 놓아줄래?" (권유)
>
> "다 먹은 접시 개수대로 갖다줘." (부탁)
>
> "컵 모아서 설거지통에 넣어줄 수 있어?" (부탁)
>
> "반찬통 뚜껑 덮어줄 사람?" (권유)

아이가 부탁을 들어주었을 때, 부모는 아이에게 긍정적인 피드백을 줄 수도 있습니다. 지시에 따르는 건 당연한 일이지만, 부탁을 들어주는 건 고마운 일이니까요.

> **"수저 얌전히 놓았네. 엄마가 상 차리는 수고를 덜었어."**
>
> **"정리 도와줘서 고마워."**

"덕분에 설거지가 편하네."

"네가 도와주니 좋다. 한결 수월하게 식사 정리를 마쳤어."

지시어와 명령어가 일방향적인 통제라면 부탁과 권유는 상호 간의 소통입니다. 이런 발전적인 대화를 통해 우리는 따뜻하고 다정하게, 마음을 주고받을 수 있어요.

물론 아이가 늘 부탁을 선뜻 들어주는 건 아닙니다. 때로는 귀찮기도 하고, 놀고 싶은 마음에 부탁을 거절할 수도 있어요.

"하기 싫어요."

"귀찮아요."

"엄마가 하면 안 돼요?"

아이는 가족의 행복을 위해 공헌해본 경험이 없습니다. 그래서 거절이 엄마 아빠의 마음에 어떤 의미로 다가가는지 잘 모르고 있습니다. 이때 부모 마음이 상했다고 "됐어. 싫으면 하지 마"라고 답하면, 아이는 공헌하는 경험을 하기가 더욱 어려워집니다. 권유의 말로 어떻게든 아이가 경험할 수 있도록 유도해야 해요. 기여와 공헌의 경험이 쌓이면 아이는 번거로운 일이 있어도 기꺼이 하겠다고 말하게 될 겁니다.

"수저 놓는 게 싫을 수도 있지. 번거로우니까." (생각 인정)

"이건 가족을 위한 일이고, 가족을 돕는 일이야." (설명)

"엄마는 네가 가족을 돕는 경험을 해보면 좋겠어." (권유)

부모의 일방적인 수고와 희생은 바람직하지 않습니다. 아이도 집안일을 도울 줄 알아야 해요. 집안일은 가족 구성원이라면 당연히 해야 할 일입니다. 아이 또한 손 하나 까딱 안 하는 자신보다 가족을 위해 무언가 하는 자신을 더욱 좋아할 거예요. 이는 자존감과 긍지를 키우는 일이기도 합니다.

아이가 삶의 주체가 되어 자기 몫을 다하는 법을 터득할 기회를 주세요. 다만 의무와 당위의 말이 주는 책임의 무게가 아이에게 버거울 수도 있으니, 좀 더 다정하게 권유하는 말부터 시작해보세요. 도움을 주는 데서 오는 만족감과 가족을 행복하게 만드는 데서 오는 뿌듯함을 맛보면 내면이 깊은 아이로 성장할 수 있습니다. 물론 이때 필요한 건 명령하는 차가운 말이 아니라 부탁하는 따뜻한 말입니다.

지시에 따르는 건 당연한 일이지만,
부탁을 들어주는 건 고마운 일입니다.
긍정적인 피드백은 '고마운 마음'에서 나옵니다.

기분이 좋겠어, 나쁘겠어? (심문)
➡ 기분이 어떨 거 같아? (질문)

**초6 아이가 방에서 친구와 메시지를 주고받느라
밥 먹으라는 엄마의 부름에 답하지 않는 상황**

엄마 배고프다며. 네가 빨리 밥 달라고 했어, 안 했어? (추궁)

지금 엄마 무시하니? 밥 먹으라는 소리 들었어, 못 들었어? (취조)

너라면 기분 좋아, 나빠? (힐난)

초2 아이가 통화 중인 아빠에게 자꾸 말을 거는 상황

아이 아빠, 내 말 좀 들어봐요!

아빠 전화 받고 있는데 말 걸면 되겠어, 안 되겠어? (추궁)

잘했어, 잘못했어? (심문)

"좋아? 나빠?"

"돼? 안 돼?"

"잘했어? 잘못했어?"

우리는 아이에게 둘 중 하나의 답을 골라야 하는 제한적이고 폐쇄적인 질문을 던질 때가 있습니다. 사실 답은 정해져 있으니 질문이라기보다는 심문에 가깝지요. 이때 아이는 엄마 아빠의 눈치를 보면서 답을 골라야 합니다. 어떤 의견이나 생각을 보탤 수도 없고 무조건 단답형으로 얘기해야 해요.

답이 정해진 질문만 던지면 대화가 오가기 어렵고, 아이를 성장시킬 수도 없습니다. 이런 질문은 아이에게 부모님의 불편한 마음을 확인시키면서 '네가 문제야!'라는 메시지를 전할 뿐입니다. 한 단계 높은 차원의 대화를 나누기 위해서는 폐쇄적인 추궁과 심문의 말을 경계해야 해요.

아무리 기분이 나빠도 아이에게 말하는 태도를 좀 더 다정하게 다듬어보세요.

"너라면 기분이 어떨 거 같아?" (질문)

"아빠가 통화 중일 땐 어떻게 해야 할까?" (질문)

아이와 대화를 나누는 목적은 단순히 뭔가를 확인하기 위함이 아닙니다. 아이의 의견을 듣고, 생각을 확장시키고, 그 생각을 정리할 수 있게 돕고, 나아가 인격체로서 성장할 수 있도록 이끄는 게 대화의 목적이지요. 이 의도를 마음속에 새기면서 질문해보세요. 그러면 아이도 적극적으로 답을 찾아내기 위해 노력할 거예요.

**다정한 말
3-5**

어떻게 하라는 거야? 방법이 없잖아! (짜증)
➡ 엄마도 해결할 수 없는 일이 있어. (설명)

초1 아이가 놀이터에서 놀던 중 연거푸 덥다고 말하는 상황

아이   더워.

엄마   물 마셔. (해법 제시)

           물 마시고 논 다음,

아이   너무 더워.

엄마   뛰어노는데 당연히 덥지. 가만히 있으면 안 더워. (당위성 제시)

           잠시 뒤,

아이   아, 더워.

엄마   계속 덥다고 하면 어떻게 해? 집으로 가, 그럼! (짜증)

초3 아이가 차를 타고 이동 중 계속 어지럽다고 말하는 상황

아이   어지러워요. 멀미 나요.

아빠	창문 열어줄게. 바람 쐬면 나아질 거야. (해법 제시)
	창문 열고 바람 쐰 다음,
아이	아, 어지러워.
아빠	계속 어지럽니? 좀 자. 자면 나아져. (대안 제시)
	잠시 뒤,
아이	잠이 안 와요. 계속 어지러워.
아빠	어떻게 하라는 거야? 차 돌릴 수도 없는데, 방법이 없잖아! (짜증)

초2 아이가 모기에 물린 부위가 가렵다고 연거푸 말하는 상황

아이	가려워요.
엄마	연고 발라 줄게. (해법 제시)
	연고를 바른 뒤,
아이	아, 계속 간지러워.
엄마	긁지 마. 자꾸 긁으면 더 가려워. (해법 제시)
	잠시 뒤,
아이	계속 가려워요.
엄마	네가 가려운 걸 엄마가 어떻게 해? (짜증)

어른들과 달리 아이는 불편함을 다루는 일에 서툽니다. 불편한
상황이 생기면 투정과 짜증으로 불편함을 호소하지요. 엄마 아빠
는 안타까운 마음에 아이의 불편함을 어떻게든 달래주려고 노력하
지만, 아이는 그 마음을 아는지 모르는지 투정만 부립니다. 이럴 땐

부모도 어떻게 해주어야 할지 몰라서 참 난감합니다. 그러다 결국 답답한 마음에 짜증이 나서 날카로운 말을 쏟아붙이게 됩니다.

"그럼 어떻게 해?"
"방법이 없잖아!"

여기서 분명한 건 불편함은 아이의 과제라는 사실입니다. 더위도, 가려움도, 어지러움도 아이가 다루어야 해요. 아이가 참고 견딜 부분이 있는 거죠.

아이의 불편함은 대부분 일시적입니다. 놀 때는 덥지만 다 놀고 나면 이내 더위가 가십니다. 차 안에서는 멀미가 나고 어지럽다고 해도, 차에서 내리면 금세 좋아져요. 모기에 물려 가려운 것도 잠깐입니다. 다른 재미있는 일에 정신이 팔리면 벅벅 긁다가도 언제 그랬냐는 듯 뛰어놉니다. 이렇게 힘든 일이 생겨도 조금만 참고 견디면 대부분 시간이 해결해줍니다. 이런 사실을 부모님이 침착하게 가르쳐줄 필요가 있어요.

"엄마 아빠는 너를 사랑하기 때문에, 네 어려움은 뭐든 덜어주고 해결해주고 싶어." (공감)

"그런데 엄마 아빠가 해결해줄 수 없는, 네가 혼자 견뎌내야 하는 일도 있어." (설명)

"계속 불편한 건 아니야. 차 타는 동안만이야." (분별)

"계속 가려운 건 아니야. 좀 참으면 나아져." (설명)

아이들은 '어려서' 투정 부리기도 하지만, '몰라서' 투정 부리기도 합니다. 폭넓은 경험을 해보지 못했기 때문에 지금 이후를 예상하고 결과를 예측하는 일에 서툴러요. 어르고 달래다 막판에 짜증으로 돌려주는 대신 차분히 가르쳐주세요. 지금의 불편함이 계속되지 않는다는 걸 알면, 아이들도 마주하고 다루려는 마음을 먹기가 쉬워질 거예요. 부모의 다정한 말을 들으며 아이는 고통을 견뎌낼 용기를 얻을 수 있습니다.

정답은 없지만,
마음을 조금 더 예쁘게 표현하는
말은 분명 있습니다.

실전편

아이의 습관을 변화시키는
5가지 말 연습

아이의 습관을 변화시키는
5가지 말 연습

큰애가 1학년 때의 일이에요. 딸아이는 아무런 선행도, 준비도 하지 않은 채 초등학교에 입학했어요. 수 감각이 없는 편이라는 건 알았지만, 1학년 수학이라는 게 그렇게 어려운 것도 아니라서 하다 보면 잘 따라갈 것이라 여겼습니다.

1학기까지는 그럭저럭 쫓아갔지만 10이 넘는 수의 덧셈과 뺄셈이 나오는 2학기부터는 많이 어려워했어요. 다른 친구들은 번개처럼 푸는 수학 익힘책을 제시간에 못 풀고 쉬는 시간까지 붙들고 있는 일이 생겼지요.

그때부터 제가 아이에게 공부를 가르치기 시작했습니다. 직업이 초등학교 교사이니 누구보다 좋은 선생님이 될 수 있을 거라고 생각했습니다. 그런데 공부를 시작한 지 2주 즈음 되던 날, 아이가 이런 말을 했습니다.

"엄마가 학교에서 언니 오빠들을 잘 가르치는지는 모르겠지만, 나는 못 가르치는 것 같아."

'뭐? 못 가르친다고? 내가??'

그래도 명색이 교사인데, 못 가르친다는 딸의 말은 정말이지 당혹스러웠습니다. 아이에게 물었어요.

"궁금해서 그러는데, 왜 엄마가 못 가르친다고 생각해? 이유가 뭐야?"

"왜냐면 우리 선생님은 내가 못 알아들어도 화를 안 내시거든. 그런데 엄마는 화를 내잖아. 그러니까 못 가르치는 거야."

아이 말에는 나름의 논리가 있었습니다. 못 가르친다는 이유는 설명을 잘하지 못해서가 아니라 화를 내기 때문이라는 것이지요.

'화를 냈다고? 내가? 언제?' 인정하기 어려웠습니다. 상냥하고 나긋한 말투는 아닐 수 있어요. 그렇지만 제 딴에는 심호흡을 하고 참을 인을 이마에 새기며 화를 참아온 터라 화를 냈다는 아이의 말은 수긍이 되지 않았지요. 내가 정말 화를 낸 게 맞는지, 아니면 아이가 예민한 건지 객관적으로 알고 싶어서 제가 아이에게 하는 말을 써보기 시작했습니다.

"문제부터 읽어야지." (지시)

"어딜 보고 있어? 딴생각하지 마." (금지)

"집중 좀 해." (명령)

"엄마가 방금 말했지? 너 지금 세 번째야." (버르기)

"왜 매번 책상에만 앉으면 화장실 간다고 하니?" (성급한 일반화)

하나같이 부정적이고 냉소적인 말이었어요. 언성을 높이지는 않 았지만, 좋은 소리는 한마디도 없이 다그치고 몰아세우기만 했으 니 아이로서는 엄마가 화를 낸다고 여길 법도 했습니다.

사실 초등학교 1학년생에게 가르칠 내용이 얼마나 있겠어요. 그 저 칭찬해주고 달래주면서 매일 공부할 수 있게끔, 나아가 공부하 기를 좋아할 수 있게끔 환경을 만들어주면 될 텐데 말이에요. 그런 데 저는 가르침을 빙자한 부정적인 말로 오히려 공부하기 싫어지 는 환경을 만들고 있었던 거지요.

'아, 아직 멀었구나.'

스스로 꽤 잘하고 있다고 여겼는데, 아이에게 한 말을 들여다보 니 그렇지 않았음을 알게 됐습니다.

이론편에서 설명한 3가지 존중의 언어를 머리로는 알고 있지만, 저 역시 막상 아이와 생활하다 보면 이런 말이 바로 나오지는 않습니다. 다 알고 있고 반성도 하지만 돌아서면 잊고 말지요. 함부로 말을 내뱉고 후회하면서 오랫동안 마음을 쓰게 됩니다.

상황이 닥쳤을 때 적절한 말이 떠오르지 않는 이유는 연습이 되어 있지 않기 때문입니다. 존중의 언어를 실제 생활에서 잘 활용하기 위해서는 반드시 연습이 필요합니다. 그래서 지금부터는 일상 속 빈번하게 마주하는 장면에서 엄마 아빠가 어떤 존중의 말을 하면 좋을지 알아보고 연습해보도록 하겠습니다.

〈한 걸음, 일상생활 말 연습〉에서는 등교, 식사, 다툼, 놀이, 자기 전 상황에서 대화를 어떻게 하면 좋을지 알아보겠습니다.

〈두 걸음, 인성 교육 말 연습〉에서는 양보, 예의, 화해, 부주의, 문제 행동을 훈육하는 말에 대해 알아보고,

〈세 걸음, 공부 습관 말 연습〉에서는 아이가 공부하기 싫다고 할 때, 학원 그만 다니겠다고 할 때, 놀고만 싶어 할 때 바로 써먹을 수 있는 실용적인 말을 연습해보겠습니다.

〈네 걸음, 관계 맺기 말 연습〉에서는 친구에게 무시당하고 왔을 때, 친구가 없어서 외로워할 때, 절교당했을 때 뭐라고 말해줘야 할지 살펴보고,

〈다섯 걸음, 의사소통 말 연습〉에서는 의사소통 과정에서 존중의

언어를 아이에게 가르치는 방법에 대해 알아보겠습니다.

　앞서 소개한 사례를 읽으면서 '어쩜 예시로 나온 말들이 하나 같이 내가 평소에 쓰는 말일까?' 하고 반성한 부모님이 많을 것이라 예상합니다. 하지만 상심할 필요는 없습니다. 지금부터라도 꾸준히 연습하고 실천하면 상처받은 아이의 마음을 보듬어줄 수 있습니다.

　대화의 방법을 아는 것보다 중요한 건 일상에서 적용하고 실행하면서 습관으로 만드는 일입니다. 아이가 몇 살이건 늦은 때란 없습니다. 바로 오늘, 지금부터 시작해보세요. 당장은 새로운 어법이 어색해서 마음처럼 말이 나오지 않고, 잘못된 말들이 불쑥 튀어나오더라도 꾸준히 연습하면 실수가 줄어들고 점차 나아질 거예요. 그럼 이제부터 3가지 존중의 말하기를 생활, 훈육, 학습, 친구 관계의 사례를 통해 연습해보도록 하겠습니다.

한 걸음,
일상생활 말 연습

등교를 힘들어하는 아이에게
"빨리 옷 입어!"라는 재촉 대신

"빨리 일어나." (재촉)

"빨리 씻어." (재촉)

"빨리 먹어." (재촉)

"빨리 옷 입어." (재촉)

"제발, 제발 좀 빨리 해." (사정)

"너 이러다 지각한다." (협박)

저는 아침마다 등교 준비하는 아들에게 빨리하라고 재촉하곤 합니다. 오늘 아침은 유독 그랬어요. '빨리 해'라는 재촉의 말은 '제발 빨리 좀 움직여'라는 사정으로 이어지고, 결국 '너 이러다 지각한다'면서 겁주는 말로 이어집니다.

하지만 저도 잘 알고 있어요. 엄마가 아무리 재촉해도 아이가 빨리 움직이는 건 아니라는 사실을요. 아들은 엄마가 뭐라 하거나 말거나 자신의 속도대로 천천히 밥을 먹고 꾸물꾸물 옷을 입습니다. 엄마의 속이 터지는 것도 모르는 채, 세월아 네월아 학교 갈 채비를 합니다. 다행히 지각은 하지 않았습니다. 아이들이 가장 많이 등교하는 8시 40분 무렵은 지났지만, 9시를 넘기지는 않았거든요.

아이들을 학교에 보내고 곰곰이 생각해보았습니다. 아침부터 '빨리 좀 하라'는 말을 도대체 몇 번이나 했는지요. 가만 보니 아이를 차분하게 배웅하는 날은 손에 꼽을 수 있을 만큼 적었습니다. 말 그대로 아침마다 등교 전쟁을 치렀던 거지요.

그런데 저는 왜 그렇게 채근했을까요?

꼭 그래야만 했을까요?

이유는 아이가 지각할까 봐 불안했기 때문입니다. 예쁘고 좋은 말을 하는 것도 내 마음의 여유가 있을 때나 가능한 일입니다. 조바심이 생기면 말이 곱게 나가지 않습니다. 그리고 항상 조급해지는 건 아이가 아니라 제 쪽입니다. 아이를 제시간에 들여보내는 게 엄마의 역할이라고 생각하거든요. 단정하게 입히고, 든든하게 먹이고, 늦지 않게 학교로 들여보내야만 할 일을 제대로 한 것 같으니까요. 그러니 빨리하라는 재촉은 아이를 위한 것도 있지만, 사실은 엄마인 내 마음을 편하게 하기 위함이 더 큽니다.

부모의 불안은 종종 아이를 통제하는 것으로 이어집니다. 그러나 불안한 사람은 아이가 아닌 엄마 아빠이고, 부모의 불안은 부모가 다루어야 합니다. 정작 등교를 준비하는 아이에게 도움이 되는 건 재촉과 채근이 아니라 긍정적인 말이에요.

그렇다면 긴박한 등교 상황에서 엄마 아빠가 아이에게 해줄 수 있는 적절한 말에는 무엇이 있을까요? 유치원생부터 초등 저학년생, 초등 고학년생, 맞벌이 가정의 자녀까지 3가지 사례로 나누어 살펴보도록 하겠습니다.

[유치원 ~ 초등 저학년] 빨리하라는 재촉 대신 '한계'를 정해줍니다

빨리하라는 말은 아이에게 조급함을 심어줍니다. 그러니 '빨리'라는 말은 되도록 줄이는 게 좋아요. 아예 안 쓸 수 있다면 그게 가장 좋고요. '빨리'라는 단어가 주는 어감과 분위기가 부정적인데다가, 한 번으로 끝나지 않고 여러 번 반복하다 보면 습관으로 굳을 수 있기 때문입니다. 한두 번 내뱉다 보면 어느 순간 '빨리'를 입에 달고 사는 자신을 발견할 수 있지요.

'빨리', '어서'라는 재촉의 말 대신 정확한 시간을 알려주는 게 바람직합니다. 숫자로 명확하게 알려주면 아이도 어떻게 움직여야 하는지 예상하고 행동할 수 있어요. 이렇게 한계를 정해주면 스스로 서두르려는 마음을 먹을 수도 있고, 시간을 계획적으로 활용하는 습관을 들일 수도 있습니다.

"빨리 씻어." (재촉)
"빨리 먹어." (재촉)

"지금 8시 10분이야. 준비할 시간 20분이 있어." (한계 설정)
"20분 안에 해볼까? 타이머 켜놨어. 보면서 준비해." (한계 안내)
"10분 안에만 먹으면 안 늦어. 시간 충분해." (한계 확인)

아직 시계를 읽을 줄 모르는 아이에게는 '긴바늘이 어디까지 가기 전에 준비해야 한다'라고 안내해주세요. 눈에 보이지 않는 시간을 양으로 확인할 수 있는 타이머를 활용하는 것도 좋은 방법입니다. 타이머는 한계를 인지하고 시간 감각을 키우는 데 꽤 효과적이거든요.

> "제발, 제발 빨리 좀 해." (사정)

> "긴바늘이 4에 갈 때까지야." (한계 안내)
> "긴바늘이 5에 가면 출발이야." (한계 확인)

다만 불안이 높은 아이에게는 타이머를 권하고 싶지 않습니다. 시한폭탄처럼 아이를 옥죌 수 있기 때문입니다. 불안과 강박이 있는 아이에게는 무엇보다도 심리적 안정감이 우선입니다.

경쟁심을 유발하는 것도 아이를 움직이게 만드는 방법 중의 하나예요.

> "너 이러다 지각한다." (협박)

> "엄마가 출근 준비하는 거랑, 네가 등교 준비하는 거랑,
> 누가 누가 빨리하나 볼까?" (제안)
> "아빠는 1분 만에 옷 갈아입을 수 있어. 엄청 빠르지?
> 너는 더 빨리할 거 같은데?" (독려)

유년기 아이들은 경쟁을 좋아합니다. 그런데 지는 건 못 견딥니다. 경쟁심을 유발하되 이기지는 마세요. 적당히 보조를 맞추거나 져주는 편이 좋습니다.

[초등 고학년 ~ 청소년] 무한 반복 지시 대신 '횟수'를 약속합니다

많은 부모가 아침마다 '일어나'라는 잔소리를 하루도 거르지 않고 반복합니다. 그래도 아이는 서두르지 않습니다. 같은 말을 반복하면 오히려 흘려듣게 되기 때문이지요. 잔소리로 느껴지면 도리어 머릿속에 입력이 안 됩니다. 자기통제력이 어느 정도 있는 초등 고학년생 이상의 자녀를 두었다면, 먼저 아이에게 의사를 묻고 대화를 통해 횟수를 정해보는 것도 좋은 방법입니다.

> "일어나라고 몇 번을 말해? 아침마다 너 깨우는 게 일이야." (부정적 판단)

> "엄마가 너를 몇 번 깨워주면 좋겠어?" (의견 묻기)

아이가 세 번이라고 답한다면, 약속한 횟수만큼만 말해줍니다.

아이의 생각을 인정하고 정말 딱 세 번만 말하는 거예요.

"일어나. 학교 가야지."

"일어나. 이제 두 번 깨웠어. 한 번만 더 깨우고 엄마 더 이상 말 안 할게."

"일어나. 세 번만 깨우기로 약속했으니까 일어나라는 말 이제 그만할게. 네가 스스로 깰 거라고 믿고 기다릴 거야."

약속대로 세 번을 말하고 난 뒤에는 아이가 일어나든 일어나지 않든 더 이상 깨우지 않습니다. 이때 조급함을 못 참고 "빨리 안 일어나고 뭐 해?", "여태 자고 있으면 어떻게 해? 학교 안 갈 거야?" 하면서 아이를 비난하지 않는 게 핵심입니다.

만약 아이가 지각을 하게 된다면 그것은 아이가 온전히 책임을 질 일입니다. 엄마는 약속대로 세 번을 깨워주었으니까요. 그래도 아침마다 무한 잔소리를 들어가며 찡그린 얼굴로 제시간에 등교하는 것보다는 선생님께 혼나더라도 차라리 지각 한 번 하는 게 나을 수 있습니다.

아이가 자신의 말과 행동에 대한 책임 있는 자세를 배울 수 있다면 지각도 나쁜 경험은 아닙니다.

[맞벌이 가정 자녀] 등교 준비 과제를 '전날' 약속합니다

맞벌이 부부나 워킹맘에게 아침 시간은 더욱 분주합니다. 출근 준비와 아이 등교 준비를 병행해야 하니까요. 엄마 아빠가 출근하고 나면 아이를 챙겨줄 사람이 없으니 느긋하게 기다려줄 수도 없습니다. 이렇게 아침마다 집에서 전쟁을 치르고 회사라는 전쟁터로 또 출근하면 정말 정신이 하나도 없습니다.

이럴 때는 과제를 쪼개고 한계를 촘촘히 정해서, 최대한 전날 준비해두는 것이 좋습니다. 옷 입기, 밥 먹기, 씻기 등 등교 준비 과제를 쪼개고, 내일 입을 옷과 아침 식사 메뉴를 전날 미리 약속으로 정하면 다음 날 아침 실랑이하는 시간을 줄일 수 있습니다.

"여태 옷도 안 갈아입으면 어떻게 해? 잠옷 입고 갈 거야?
얼른 옷 갈아입어." (채근)

"네가 입고 싶은 옷 어제 골라놨지?
옷 갈아입는 데 3분이면 되겠어?"
(사전 준비, 한계 설정)

> "멍때리고 있을 시간이 어딨어? 빨리 밥 먹어." (재촉)

> "엄마 출근 시간 다 됐어. 5분 안에 못 먹으면 치우고 가야 해."
> (사전 준비, 한계 설정)

매일 등교 준비를 하며, 아이는 엄마에게 어떤 메시지를 받고 있을까요?

'나는 느림보인가 봐.'

'나는 빨리 못하는 애구나.'

'나는 매일 야단만 맞는구나.'

'또 혼나겠다.'

하루에도 몇 번씩 습관적으로 하는 '빨리 해'라는 말이 어쩌면 아이에게는 질책이나 협박처럼 들릴 수 있습니다. 아이의 잠재의식 속에 새겨져 부정적인 자아상을 만들 수도 있고요. 엄마 아빠는 그저 아이가 제시간에 등교하기만을 바랐을 뿐인데, 선생님께 혼나지 않기만을 바랐을 뿐인데, 그런 마음과 달리 아이는 부정적 메시지로 받아들였다니 정말 속상한 일이 아닐 수 없습니다.

아이를 늦지 않게 등교시키는 일만큼이나 중요한 건 기분 좋은 하루를 시작하도록 돕는 것입니다. 저는 웬만하면 등교 준비를 하는 아이에게 시선을 주지 않아요. 보게 되면 분명 빨리하라는 잔소리가 나오니까요. 일부러 설거지를 하기도 하고 청소기를 돌리는 때도 있습니다. 잔소리를 하지 않기 위한 일종의 루틴이 생긴 것이지요.

지금은 큰소리 없이 평화롭게 등교하는 게 일상으로 자리 잡았습니다. 물론 아이가 민첩해진 건 아니에요. 아들 녀석은 여전히 느긋하고 여간해서는 서둘지 않습니다. 그저 엄마가 다그치지 않으면서 생긴 변화일 뿐입니다. 저는 여전히 지각할까 봐 신경이 쓰이고 불안하지만, 또 그걸 내색하지 않는 게 힘들지만, 노력하면 달라집니다. 엄마 아빠의 말만 바꿔도 화목한 아침을 열 수 있습니다.

학교 가는 아이에게 엄마가 전해야 할 메시지는 불안이 아닌 사랑입니다. '빨리'라는 쳇바퀴에서 벗어나 마음이 여유로운 아이로 성장할 수 있도록 오늘부터 말 연습을 시작해보세요.

행동이 느린 아이에게
"왜 이렇게 느려터졌어!"라는 채근 대신

우리 집 둘째는 말도 늦되고 행동도 느린 편이었어요. 신발 신고 벗는 일, 밥 먹는 일, 옷 입는 일 모두 한참 걸리다 보니 어린이집에서부터 유치원 다닐 때까지 이동 줄을 서면 늘 뒷자리 붙박이였지요. 집에서도 손 씻고, 세수하고, 옷 입고, 밥 먹는 일상생활 속 수많은 일을 도와주고, 가르쳐주어야 했습니다.

다시 생각해봐도 둘째를 키우는 일은 기다림의 연속이었습니다. 신발을 신고 현관문을 나서는 데만 5분씩 걸렸거든요. 처음에는 빨리하라고 재촉하거나 윽박을 지르기도 했습니다. 하지만 나중에는 이마저도 포기했지요. 재촉하면 할수록 아이의 마음이 틀어져서 그런지 더 느리게 행동을 했거든요. 마치 슬로우비디오를 찍는 것처럼 말이에요. 둘째를 키울 땐 손이 많이 가서 힘들기도 했지만, 느린 행동에 대해 화내지 않고 기다려주는 게 가장 어려웠습니다.

초등 저학년 아이들은 글씨 쓰기, 색칠하기, 그림 그리기 등 조작하는 과제를 수행할 때의 속도 차가 무척 큽니다. 소근육 발달 상태와 집중력 차이가 확연히 드러나지요. 소근육 발달이 더딘 아이의 경우 손아귀의 힘이 없어서 연필을 바르게 쥐는 것도 힘들고 가위질, 풀칠도 쉽지 않습니다.

하나의 과제에 몰두하는 집중 시간에도 아이마다 차이가 있어요. 집중을 잘하는 아이일수록 과제의 완성도와 수행 속도가 빠르고, 산만할수록 대충해놓고 다 했다고 하거나 끝까지 과제를 끝내지 못하는 일이 잦아요. 다만 학년이 올라갈수록 차이는 점점 좁혀지고 5, 6학년 즈음 되면 빨리 끝내는 아이와 늦게 끝내는 아이의 편차도 확연히 줄어듭니다.

사실 아이의 자람에 있어 정해진 속도란 없습니다. 각각 자신만의 고유한 속도대로 자랄 뿐이지요. 느린 것은 괜찮아요. 크면 다 또래를 따라잡으니까요. '느린 행동'보다 안 좋은 건 느린 행동으로 인해 외부로부터 받는 '부정적 피드백'입니다.

"빨리 해." (명령)

"왜 이렇게 느려터졌어." (채근)

"1분 내로 못 끝내면 엄마 먼저 갈 거야!" (경고)

"다른 사람 기다리는 거 안 보여? 이렇게 피해 주면 좋아?" (죄책감 유발)

"엄마가 언제까지 기다려야 해? 엄마도 힘들어." (푸념)

"너 학교에서도 이래?" (임의적 추론)

행동이 느린 것은 어디서든 환영받을 일은 아니에요. 학교라는 단체 생활 속에서는 더욱 그렇습니다. 행동이 느린 아이는 집 밖에서도 채근하는 말을 듣는 경우가 많다는 뜻이지요.

그런데 밖에서 채근하는 말을 듣고 온 아이가 집에서까지 비난과 경고, 협박 섞인 말을 듣는다면 얼마나 힘이 들까요? 아이가 감당해야 할 부정적인 피드백이 너무 많아서 분명 자신감을 잃고 말거예요. 그런 일이 생기지 않도록 우리 부모님은 아이에게 따뜻하고 긍정적인 말을 건네주셔야 합니다.

"천천히 먹어. 학교에서는 뒤에 다른 친구들 기다리니까 빨리 먹어야 하잖아. 집에서는 느긋해도 괜찮아." (이해)

"10분 안에만 끝내도록 하자." (한계 설정)

"5분 전이야.", "이제 3분 남았어." (한계 안내)

"좀 더 힘내보자!" (격려)

"시간 내에 해냈네. 멋지다." (긍정적 피드백)

느린 아이라도 한계를 정해주고 반복해서 가르쳐주면 시간 내에 충분히 해낼 수 있습니다. 느릴 뿐이지 못하는 게 아니니까요. 엄마 아빠가 어떻게 말해주냐에 따라 풀이 죽을 수도 있고, 자신감을 얻을 수도 있습니다.

저는 성격 급한 엄마였고, 그래서 기다림에 인색했습니다. 아이 마음을 살피는 '공감'보다 엄마의 답답함 '해결'이 먼저일 때가 많았지요. 아이를 이해하려고 하기보다 고치려는 마음을 앞세웠습니다. 돌이켜 생각하면 참 미안해요.

느린 아이에게 필요한 건 이해해주는 사람, 기다려주고 응원해주는 사람, 화내지 않고 가르쳐주는 사람이에요. 느리다는 이유로 공감과 이해를 받지 못한 채 야단만 맞고 자란다면, 아이가 너무 외롭지 않을까요. 행동이 느린 아이에게 기댈 곳은 엄마 아빠뿐일지도 모릅니다. 부모님에게 받은 격려와 응원, 지지야말로 느린 행동을 개선해나가는 소중한 자원이자 가장 큰 힘이 될 것입니다.

밥 먹기가 힘든 아이에게
"흘리지 말고 먹어!"라는 경고 대신

아이를 키우다 보면 정말 힘든 일이 많지만, 그중에서도 어떤 게 가장 힘드냐고 물어보면 아이의 입이 짧아 걱정이라는 부모님이 참 많습니다. 우리 집도 마찬가지예요. 딸과 아들 둘 다 먹는 걸 즐기지 않고 입이 정말 짧아요. 허기만 면하면 곧장 그만 먹겠다고 합니다. 밥과 반찬뿐만 아니라 아이스크림, 과자도 한 개를 다 못 먹고 남겨요. 밥 먹을 때는 밥알을 세고, 입속에 넣으면 씹지를 않고 물고만 있어요. 잘 먹는 애들은 그릇까지 씹어 먹을 기세로 덤빈다던데, 도대체 우리 애들은 왜 이러는지 속이 터집니다.

"물고 있지 마. 씹어서 삼켜야지." (지시)
"얼른 씹어! 냠냠! 꿀꺽!" (명령)

아이가 제대로 밥을 먹지 않으면 아쉬운 마음에 지시하거나 명령하는 말이 먼저 튀어나옵니다. 여기에 한숨과 따가운 시선까지 보내도 아이는 30분이 넘도록 다 먹지 못하는 경우가 숱합니다. 특히 아침 시간에는 아이도 입맛이 없어서 그런지 끝내 포기하게 되는 게 일반적이지요.

밥을 먹는 것만이 문제는 아닙니다. 아이들은 조심성이 없어서 물컵 엎는 일은 예사고, 밥그릇과 국그릇까지 떨어뜨릴 때도 있어요. 일부러 그런 게 아니니 야단할 일이 아니라고, 안 다쳤으니 다행이라고 여기지만 밥 먹을 때마다 뒤치다꺼리를 만드는 아이에게 말이 곱게 나가지는 않습니다. 그렇게 아이와 밥상을 앞에 두고 한참 실랑이를 펼치고 나면 정말 진이 다 빠집니다.

"많이 안 줬어. 남기지 마. 다 먹어." (금지)
"흘리지 말고 먹어." (경고)
"또 흘리네. 이렇게 조심성이 없어서 어떻게 해?" (지적)
"싹싹 긁어먹어." (명령)

끼니때마다 아이는 끊임없이 지적을 받습니다. 이때 아이는 무슨 생각을 할까요? 맛있는 밥을 먹을 수 있어서 행복하다고 생각할까요? 배부르게 먹을 수 있어서 다행이라고 생각할까요? 아마도 아닐 겁니다. 아이는 자신이 서툴러서, 밥을 제대로 먹지 못해서 잘못하고 있다고 생각할 거예요. 분명 아이도 식사 시간이 괴로울 겁니다.

물론 식사 예절과 태도를 가르치는 것도 중요합니다. 어른이 된 아이가 음식을 흘리면서 먹거나 남기는 모습을 생각하면 아찔해집니다. 너무 많이 흘리거나 자주 남긴다면, 주의를 주고 제대로 먹는 방법을 가르쳐줄 필요가 있습니다. 그러나 식사 예절을 가르침과 동시에 즐겁고 편안한 식사 시간을 만드는 것도 놓쳐서는 안 돼요. 어른들도 밥 먹는 시간만큼은 스트레스에서 벗어나 편하게 즐기길 바라잖아요.

> "많이 안 줬어. 남기지 마. 다 먹어." (금지)

> "적당한 양인지 알려줘. 많으면 덜고, 적으면 더 줄게." (의견 묻기)

"또 흘리네. 이렇게 조심성이 없어서 어떻게 해?" (지적)

"깨끗이 먹는 게 익숙하지 않아서 그래. 하다 보면 좋아져.
자, 남기지 말고 깨끗이 먹어보자." (긍정적 이해)

"(식사 중) 흘리지 말고 먹어." (경고)

"(식사 후) 물티슈로 자기 자리 닦자." (권유)

일부러 흘리고 먹는 아이는 없어요. 흘리지 않으려고 해도 마음처럼 안될 뿐이에요. 이때는 명령이나 비난의 말보다 번거로움을 경험할 기회를 주는 편이 효과적입니다. 식사 후에 자신이 흘린 음식물을 닦게 하면 치우는 게 귀찮아서라도 흘리지 않으려고 할 거예요.

좀 더 자라면 그릇을 엎거나 반찬을 흘리는 일도 당연히 줄어듭니다. 밥상 앞에서 서투르고 미숙한 건 커가는 과정일 뿐이에요. 안달하거나 조바심 낼 필요 없습니다. 지시가 많으면 아이는 버거움을 느껴요. 또한 지시대로 하지 못하는 스스로를 향한 무능감이 자랄 수 있습니다. 가족이 함께 식사하는 동안만이라도 지시와 명령을 덜어내고 대화와 웃음으로 채웠으면 좋겠습니다.

올바른 식사 방법을 가르치는 일보다 중요한 건 아이와 매일매일 즐거운 식사 시간을 보내는 일입니다. 깨끗이 먹고, 흘리지 않고 먹이는 데 신경을 쓰느라 아이와 함께하는 소중한 시간을 놓친다면 얼마나 아까울까요. 즐거운 식사 시간이 밥 먹는 기능 훈련의 시간이 되고 있는 건 아닌지 생각해볼 일입니다.

자주 다투는 아이에게
"그만 싸워! 그만 일러!"라는 억압 대신

초2, 초4 형제가 먹을 걸 두고 다투는 상황

동생 형, 나 젤리 한 개만.

형   싫어. 네 거 먹어. 네 거 있는데 왜 내 거 달라고 해?

동생 형아, 욕심쟁이!

형   응~. 아니야~.

동생 엄마, 형 욕심쟁이예요. 나쁜 말도 해요.

형   아니쥬? 나쁜 말은 니가 했쥬? 아무 말도 못하쥬?

동생 으아앙! 엄마!

자녀들 사이의 다툼이 잦으면 엄마 아빠는 힘듭니다. 투닥투닥
싸우는 소리를 듣는 것만으로 피곤한데, 아이들은 자기 입장만 내

세우고 이해해주기만을 바라니까요. 아이들 각자의 입장을 하나하나 설명하면서 이해시키기란 보통 어려운 일이 아닙니다. 나아가 적절한 훈육까지 해야 하니 참 고달픈 일입니다.

"너희들은 서로 원수니?" (비난)
"매일같이 싸우는 거 정말 지긋지긋하다." (넋두리)
"그만 싸우고, 그만 일러!" (억압)
"너는 왜 형 젤리를 달라고 해? 네가 고른 거 먹어야지, 왜 변덕이야?" (부정적 판단)
"형이 돼서 동생한테 젤리 하나 못 줘? 네 친구한테도 이렇게 야박하게 굴어?" (부정적 추측)
"너희들 앞으로 다시는 젤리 안 사줘!" (경고)

비난에서 시작되어 경고와 금지로 이어진 엄마의 말은 얼핏 다툼 중재로 보이지만, 사실은 다툼 억압에 가까워요. 표면적으로만 더 이상 싸우지 못하게 눌러놓은 것일 뿐, 아이들은 여전히 서로에게 으르렁대고 있으니까요. 서로를 향한 불편한 감정이 해결되지 않은 것이지요. 아이들이 또 이렇게 싸우는 소리가 들리네요.

형 : (속삭이며) **"너 때문이야. 이제 젤리도 못 먹잖아."**

동생 : (작은 소리로) **"뭔 소리야? 형이 양보 안 해서 형 때문에 안 사**
준다는 거잖아."

그렇다면 다툼 상황에서 아이들에게 뭐라고 말해주는 게 좋을
까요?

첫째, 감정은 인정하고 행동은 교정합니다

아이들의 욕구와 감정은 인정해주되, 잘못된 말과 행동은 바로
잡아줍니다. 아이들은 기본적으로 자기중심적입니다. 내 마음에
빗대어 다른 사람의 마음을 바라보는 공감 능력이 부족해요. 그래
서 엄마 아빠가 '말'이라는 거울을 통해 서로의 마음을 비춰주는 과
정이 필요합니다.

동생에게

"형 젤리도 먹어보고 싶었어? 무슨 맛인지 궁금할 수 있지. 형이 안 준다
니까 섭섭했겠네." (욕구 인정)

"그런데 섭섭해도 형한테 욕심쟁이라고 하면 안 돼." (행동 교정)

형에게

"동생이 욕심쟁이라고 하니까 너로서는 화가 났을 거야." (감정 인정)

"그런데 '아니쥬?', '했쥬?' 이런 말투는 조금 얄밉다. 약 올리고 놀리는 것 같잖아." (말투 통제)

둘째, 부정적 판단 대신 긍정적인 의도를 발견하고 인정해줍니다

부정적인 말은 다툼이라는 불에 기름을 붓는 것과 같습니다. 심기를 건들고 갈등을 심화시키지요. 다툼 해결의 열쇠는 긍정적인 말에 있습니다. 아이들이 제대로 표현하지 못하는 긍정적인 의도를 알아채고 인정해줄 때, 상한 마음은 눈 녹듯 누그러질 수 있어요.

형에게

"만약 동생이 젤리가 없었다면 네가 선뜻 줬을 거야. 동생 젤리가 있으니까 그걸 먹으라는 거지 욕심부린 게 아니야." (긍정적 이해)

형과 동생, 모두에게

"표정 보니까 서로에게 미안한 마음이 있네." (긍정적 해석)

"그렇다면 미안하다고 말해보자." (화해 권유)

동생에게

"앞으로 형 젤리를 맛보고 싶으면, 그냥 달라고 하지 말고 네 것 하나 주면서 하나씩 바꿔 먹자고 해봐." (해법 제시)

안 싸우고 지내면 좋겠지만, 그렇게 되기까지는 시간이 걸립니다. 서로 다른 친구를 사귀고, 각자의 생활을 존중하기 시작하면 오히려 서로 편을 들면서 공감해주는 시기가 올 거예요. 다만 이때까지는 부모님께서 불편한 감정을 뒤로 하고, 아이들의 상한 감정을 먼저 보살펴주는 지혜가 필요합니다. 부모님이 중간에서 잘 중재해야만 아이들이 서로를 미워하지 않고 소중하게 여기면서 자랄 수 있습니다.

그리고 다툼이 무조건 나쁜 것만은 아니라는 사실도 알아두시길 바랍니다. 다툼은 아이들의 갈등 해결력과 사회성을 키우는 기회이기도 합니다. 아이의 욕구와 감정을 인정하는 말, 아이의 의도를 긍정적으로 해석하는 말, 사랑이 느껴지는 부모님의 다정한 말을 통해 화해 경험을 쌓다 보면 나중에 다른 친구와 다툼이 생겨도 현명하게 해결해나가는 아이로 성장할 수 있을 거예요.

엄마 말을 듣지 않는 아이에게
"너는 놀이터에서 살아!"라는 마음에 없는 말 대신

> "너는 놀이터에서 살아. 엄마는 갈 거야. 잘 있어. 안녕!" (마음에 없는 말)
>
> 잠시 뒤,
>
> "빨리 안 오고 뭐해?" (이중 구속)

실컷 놀았는데도 아이가 더 놀겠다, 집에 안 가겠다고 떼를 쓰면 엄마 아빠도 참 난감합니다. 저녁 먹을 시간을 훌쩍 넘겨서까지 놀 겠다고 고집을 피우면 기다리다 지쳐서 화까지 납니다. 결국 "너는 놀이터에서 살아"라는 말을 던지고 엄마 아빠 먼저 집으로 향하게 되지요. 그래도 아이가 따라 오지 않으면 돌아서서 "왜 안 와?" 하 고 반문합니다. 동시에 상반된 말을 하는 것이지요.

아이에게 이렇게 모순된 말을 하는 경우가 종종 있습니다. 심리학에서는 이런 말을 이중 구속(double bind)이라고 합니다.

"먹기 싫으면 먹지 마! 굶어 그냥. 이제 네 밥 안 해. 키 안 커도 나는 몰라." (마음에 없는 말)
잠시 뒤,
"다섯 번만 먹고 끝 하자." (이중 구속)

"다 때려치워! 학원도 관두고 숙제도 하지 마. 다 하지 마." (마음에 없는 말)
잠시 뒤,
"마음먹고 하면 금방 하면서 그래. 얼른 풀어." (이중 구속)

부모와 아이의 의사소통이 원만하지 않을 때, 아이가 부모의 말을 듣지 않을 때 자주 이중 구속의 메시지가 등장합니다. 모순된 메시지를 받은 아이는 매우 혼란스러워요. 어떻게 하면 좋을지 판단이 되지 않아 불안합니다.

홧김에 마음에도 없는 말을 했다면 다시 한 번 진심을 전하는 과정이 필요합니다. 이미 뱉은 말을 주워 담을 수는 없지만, 수습하는 건 가능합니다. 진심이 아니었음을 설명하면 아이도 납득하고 안도할 거예요. 그제야 아이는 혼란에서 빠져나와 엄마 아빠 손을 잡으러 뛰어올 겁니다.

"진심이 아니었어. 엄마가 어떻게 너를 놀이터에 두고 가. 네가 자꾸 안 간다고 떼를 쓰니까 화가 나서 마음에도 없는 말이 나온 거야. 엄마 손 잡고 집에 가자."

"네 밥 안 한다는 말 진심이 아니야. 안 먹으니까 속상해서 그랬어. 잘 먹고 쑥쑥 컸으면 좋겠어. 이게 진짜 하고 싶었던 말이야."

"엄마가 화가 나서 마음에도 없는 말이 나왔어. 다 때려치우라는 거 진심이 아니야. 엄마는 네가 할 일은 미루지 않고 끝내면 좋겠어."

우리는 아이에게 속내를 보이는 것에 익숙하지 않습니다. 아이에게 진심을 전하는 데에도 연습이 필요해요. 먼저 진심이 아니었다는 말부터 연습해보는 건 어떨까요?

홧김에 마음에도 없는 말을 했다면
다시 한 번 진심을 전하는 과정이 필요합니다.
이미 뱉은 말을 주워 담을 수는 없지만,
수습하는 건 가능합니다.

잠을 자지 않는 아이에게
"얼른 자!"라는 엄포 대신

잠자리에 누운 여덟 살 둘째가 안 자고 계속 말을 걸어요. 종일 뛰어놀았던지라 눈 감고 5분만 있으면 틀림없이 잠이 들 텐데, 아이는 잠자기를 거부하기라도 하는 듯 별별 쓸데없는 질문을 쏟아 냅니다.

"내일 물어봐."

"눈 감고 열만 세. 하나, 둘, 셋……."

이렇게 말하며 잠들기를 유도해봤지만 소용이 없습니다. 다섯까지 세고 난 뒤에 다시 눈을 부릅뜨고 종알종알 말을 합니다. 자려고 누운 지 30분이 넘도록 이 상태가 반복되자 슬슬 짜증이 올라왔지요. 결국 날선 말을 쏟아내고 말았습니다.

"엄마가 이제 화나려고 해. 그만 말하고 눈 감아. 얼른 자!"

그러자 아이가 놀라서 이렇게 되묻더군요.

"왜? 왜 화가 나려고 하는 거야?"

진짜 모르는 눈치였어요.

"왜냐하면, 음, 음……."

이유를 말하려는데 그만 말문이 막혔습니다. 네가 잠들어야 엄마도 자는데, 네가 안 자니 엄마도 못 자서 화가 난다고 말할 수는 없었어요. 너무 옹졸한 엄마가 될 것 같았거든요. 네가 얼른 자야 엄마가 밀린 집안일도 하고, 장바구니에 담아둔 간식과 생필품을 살 짬이 생긴다는 것도 엄마가 화난 이유라기에는 궁색하게 느껴졌어요.

"엄마가 화난 게 아니고 네가 이제 잤으면 좋겠다는 거야. 늦었잖아. 자야 할 시간인데 안 자니까. 어서 자라는 소리야."

"그럼 화난 게 아니야? 근데 왜 화난다고 했어?"

"아, 엄마는 엄마가 화난 줄 알았어. 그런데 화난 게 아니었네. 엄마가 기분을 잘 몰랐어."

"그럼 엄마 화 안 난 거지? 이제 자야겠다!"

아들은 엄마가 화가 나지 않았다는 사실에 안심하고 곧장 잠이 들었습니다. 저는 분명 화가 난 게 아니었어요. 그저 아이가 빨리 잠들었으면 좋겠다는 바람이었습니다. 마음을 전하면 될 일인데, 하마터면 화를 낼뻔했지요.

아이가 늦게까지 안 자면 엄마는 힘듭니다. 아이가 자야 엄마도 육퇴 후 자유와 쉼을 얻을 수 있으니까요. 하지만 빨리 안 잔다고 화를 내면, 아이는 엄마의 위협적인 메시지로 하루를 마무리하게 됩니다. 하루의 끝맺음에 엄마의 차가운 눈빛과 날카로운 명령이 있다는 건 슬픈 일입니다. 매서운 엄포는 사랑하는 아이에게 엄마가 전하고 싶은 진심이 아닐 거예요.

빨리 재우려고 하면 마음이 조급해집니다. 편안하고 자연스럽게 아이를 재우려면 다그치지 말아야 해요. 고마운 일, 행복한 일, 좋았던 일을 떠올리는 긍정적인 대화로 기분 좋게 하루를 마무리해 보세요.

"오늘 하루 행복한 일 뭐였어?"
"오늘 하루 기분 좋은 일 세 가지 말해보자."
"엄마가 먼저 오늘 감사한 일 세 가지를 말해볼게!"

아이는 다채로운 경험을 하며 하루를 보냅니다. 하루 동안 무슨 일이 있었는지 부모가 모두 알 수 없고 통제할 수도 없지요. 다만 아이를 엄마 아빠의 품에서 재우는 동안만큼은, 하루의 마지막 장면을 부모님이 만들 수 있어요. 아이의 성장과 발달을 위해 제시간에, 되도록 일찍 잠드는 것도 중요하지만 기분 좋게 잠드는 것 또한 중요합니다.

사랑하는 마음을 전하는 데
엄마 아빠의 말보다
중요한 것은 없습니다.

두 걸음,
인성 교육 말 연습

양보하지 않는 아이에게
"왜 이렇게 이기적이니?"라는 매도 대신

저는 네 살 터울의 남매를 키웁니다. 첫째가 어느 정도 큰 다음에 동생이 태어나서 수월한 점도 있었지만, 첫째에게 미안함도 큽니다. 갓난쟁이 동생이 태어나고부터는 첫째가 다 큰 애처럼 느껴졌거든요.

> "양보 좀 해! 네가 누나잖아. 얘는 아기야." (지시)
> "왜 이렇게 이기적이니? 동생한테 그거 하나 양보 못 해?" (매도)

아홉 살인 둘째는 지금도 어린애 같은데, 첫째는 다섯 살 때부터 다 큰 애 노릇을 하게 했습니다. 어디 그뿐인가요. 둘이 다투기라도 하면 동생에게 양보를 강요하고 이기적인 누나로 매도하기까지 했으니 참 해도 너무했지요.

물론 아이들에게 배려와 양보의 경험은 필요합니다. 그래야 학교나 사회, 일상생활에서 자연스럽게 배려를 실천할 수 있으니까요. 하지만 무턱대고 양보를 강요하면 오히려 아이의 마음에 지울 수 없는 상처를 남길 수 있습니다.

아이들에게 꼭 필요한 양보, 어떻게 가르치면 좋을까요?

첫째, 양보의 이유에 대해 설명합니다

무조건 양보하라고 하지 말고 양보하면 좋은 점, 양보로 얻을 수 있는 유익에 대해 가르쳐줍니다.

> "양보는 다른 사람을 도와주고 배려해주는 거야. 네가 양보하면 다른 사람을 좀 더 편하게 해줄 수 있어." (설명)

둘째, 양보의 가이드라인을 정해줍니다

양보는 미덕이지만 실천할 때는 균형이 있어야 합니다. 어떤 상황이든 무조건 양보해야 하는 건 아니에요. 다른 사람을 배려하는 것도 좋지만, 때로는 원하는 걸 정확히 주장할 필요도 있습니다. 소중한 걸 지킬 줄 아는 아이가 나누는 기쁨도 느낄 수 있는 법입니다. 아이에게 양보를 권유할 때 양보가 필요한 상황과 양보하지 않아도 괜찮은 상황을 구분해서 알려주세요.

> "항상, 모든 일을, 반드시 양보해야 하는 건 아니야. 네가 간절히 원하는 일, 절대로 포기할 수 없는 일이라면 양보하지 않아도 괜찮아. (분별)
> 그런데 네가 다른 사람을 돕고 싶고 네 뜻을 바꿔도 괜찮은 일이라면, 기꺼이 양보하면 좋겠어." (권유)

셋째, 양보했을 때 긍정적인 피드백을 줍니다

아이들은 양보를 하면서 종종 불만을 품기도 합니다. 대개는 양보한 게 억울해서가 아니라 양보를 당연하게 여기는 다른 사람의 태도 때문이에요. 엄마 아빠도 형이 마땅히 양보하는 것이라 여기고, 동생도 양보받는 걸 당연히 여기니 서운한 마음이 들 수밖에요.

양보란 다른 사람을 위해 자신이 원하는 바를 일정 부분 포기하는 일입니다. 아무리 사소한 일이라 할지라도, 아이가 자신이 원하는 걸 포기하기란 쉽지 않은 일이에요. 그 고운 마음 씀씀이를 인정해주어야 합니다.

"양보한다는 게 쉽지 않아." (인정)
"너에게도 어려웠을 텐데 좋은 마음으로 양보해줘서 고마워." (격려)

양보의 과정이 즐거울 수만은 없어요. 힘들지만 노력하는 거지요. 그리고 아이는 부모님의 칭찬을 통해 양보에 대한 긍정적인 정서를 경험합니다. 아이가 힘들게 양보했음을 알아주고 인정과 고마움의 피드백을 줄 때, 아이는 양보가 나쁜 게 아니라 좋은 거라는 사실을 마음속에 새길 수 있어요.

자기밖에 모르는 아이는 어디에서도 환영받지 못합니다. 양보는 더불어 살아가기 위해 꼭 필요한 미덕이에요. 다만 다른 사람을 위해 자신의 이익을 포기하는 마음가짐은 결코 혼자 터득할 수 없습니다. 부모님께서 먼저 솔선수범하면서 양보의 기쁨을 가르쳐준다면, 분명 아이도 양보하고 배려하는 어른으로 성장할 수 있을 거예요.

인사하지 않는 아이에
"씩씩하게 인사해야지!"라는 지적 대신

자녀를 키우는 부모는 누구나 아이에게 예의 바르게 행동할 것을 가르칩니다. 특히 우리나라는 동방예의지국이라는 문화적 배경 때문인지 예의가 아이 인성을 가늠하는 주요 척도로 활용되지요. 그만큼 예의 바른 아이는 어디를 가든 환영받을 뿐만 아니라, 엄마 아빠도 자녀 교육 점수를 높게 평가받습니다.

> "인사해야지." (지시)
> "어른을 보면 인사부터 해." (강요)
> "어른 앞에서 공손히 해." (명령)
> "네가 예의 없이 구는 건 엄마 아빠 얼굴에 먹칠하는 거야." (강박)

예의 없이 행동하는 아이를 방치하는 부모가 적지 않은 현실을 반추해보면 예의를 가르치는 부모님의 의지는 높이 살 만합니다. 하지만 문제는 예의를 가르치는 방식에 있어요. 예의를 엄격하게 가르치려는 좋은 의도가 때로는 아이에게 지시와 명령으로 전달되곤 하거든요.

살아가면서 평생 지켜야 할 예의, 도대체 어디서부터 어떻게 가르쳐야 할까요?

첫째, 모호한 지시 대신에 구체적인 규범을 설명합니다

'바르다', '공손하다'라는 형용사는 아이들에게 모호하게 느껴집니다. 아이들에게는 구체적인 상황과 그 안에서 지켜야 할 행동 규범을 알려주는 게 효과적이에요.

> "반가운 마음이 '안녕하세요' 한마디에 들어가거든. 만나거나 헤어질 때는 꼭 인사하는 거야." (인사의 필요성 설명)
>
> "어른께 인사할 때는 허리를 숙이고 하는 거야. 인사에 정해진 순서는 없지만, 나이 어린 네가 먼저 하면 반갑게 받아주실 거야." (인사의 방법 설명)

둘째, 쑥스러움은 지적하지 않습니다

아이들은 쑥스러움이 많습니다. 자기를 예뻐해주는 할아버지 할머니 앞에서도 쭈뼛거리며 뒤로 숨는 아이들이 있지요. 이럴 때 엄마 아빠는 아이에게 씩씩하게 큰 소리로 인사하라며 지적하곤 합니다. 그런데 인사 태도는 가정 교육의 일부라기보다는 성격의 일부라고 보는 게 맞습니다. 인사하기를 힘들어하는 아이들은 내향적이고 수줍음이 많은 것이지 결코 예의를 몰라서 그러는 게 아니에요.

내향적인 아이에게 인사하는 목소리가 작다고 지적하며 고치려 드는 것은 지나친 통제입니다. 성격까지 교정하려 들면 부모도 힘들지만, 아이도 주눅이 들어서 사람 앞에 서기를 피하게 될 거예요. 인사를 받는 입장에서도 불편할 수 있고요. 조금 부족하게 느껴지더라도 그냥 넘어가주는 게 좋습니다.

> "씩씩하게 해야지." (지적)

> "쑥스럽지? 인사하는 게 어색할 수 있어." (이해)

"큰 소리로, 두 손 모으고 공수 인사하는 거 안 배웠어?" (지적)

"큰 목소리로 하면 좋겠지만 작은 소리라도 괜찮아.
인사하면 된 거야." (독려)

셋째, 엄마 아빠가 솔선수범합니다

아이는 부모의 말과 행동을 그대로 따라 합니다. 엄마 아빠가 먼저 인사하는 모습을 보이면, 아이도 그 모습을 보고 배우지요. 행동으로 보여주는 게 말로 설명하는 것보다 효과적입니다.

"왜 인사를 안 해? 어른을 보면 인사부터 해야지."

아이 인사에 지적을 하는 어른이 적지 않습니다. 그러면 아이뿐만 아니라 엄마 아빠도 무안해집니다. 무의식적으로 아이를 다그치게 되는 것도 바로 이런 순간입니다. 이럴 땐 지적하기보다는 이렇게 말씀해주세요.

"처음 보는 사람인데, 수줍어서 숨을 수도 있지. 다음에 보면 반갑게 인사하자."

목소리가 작아도, 엄마 아빠 뒤에 숨어도, 어떤 식으로든 인사를 했으면 그것으로 잘한 겁니다. 지적하지 않고 엄마 아빠가 솔선수범해서 보여주면, 시키지 않아도 아이가 먼저 씩씩하게 인사하는 날이 옵니다. 밝게 인사하는 예쁜 아이는 엄격한 지시나 지적이 아니라 자상한 안내와 가르침으로 키울 수 있습니다.

지적하지 않고 부모가 솔선수범해서 보여주면,
아이가 먼저 씩씩하게 인사하는 날이 옵니다.

물건을 잘 잃어버리는 아이에게
"도대체 몇 번째야?"라는 핀잔 대신

학교를 마치고 집에 돌아온 아이의 책가방을 열어보니 알림장이 없습니다. 실내화 가방을 살펴보니 세상에, 실내화도 없습니다. 연필, 지우개 잃어버리는 건 일상이고, 아예 필통을 통째로 잃어버리기도 합니다. 물건마다 꼼꼼히 이름을 써주고, 잘 챙기라는 당부를 아무리 해도 좀처럼 나아지지를 않습니다. 그만큼 엄마의 걱정은 늘어만 가고요.

괜찮다고 달래주고 이해해주는 것도 한두 번이지, 잃어버리는 게 일상이 되면 엄마도 참기 어렵습니다.

"엄마가 잘 챙기라고 했어, 안 했어?" (잔소리)

"이게 몇 번째야?" (핀잔)

"정신을 어디에 두고 다녀!" (죄책감 유발)

"엄마가 언제까지 너 쫓아다니면서 챙겨줘야 하니?" (푸념)

"챙기지도 못할 걸 왜 사달래?" (면박)

"네가 몇 학년인데 필통을 통째로 잃어버려?" (수치심 유발)

"사달라면 다 사주니까, 뭐든 소중한 줄을 몰라!" (성급한 판단)

"마지막이야. 또 한 번 잃어버리면 다시는 안 사줘!" (겁박)

요즘 아이들은 확실히 예전에 비해 풍족하게 자라는 편입니다. 그러다 보니 물건을 아껴 쓰지 않는 경향이 있긴 하지만, 그렇다고 자기 물건에 대한 애착이 없는 건 아니에요. 자기 물건을 잃어버리고 아까워하지 않는 아이는 아마 없을 거예요.

하지만 이렇게 물건을 잃어버리는 일이 반복되다 보면 어떤 부모님은 아예 대체품을 사주지 않기도 합니다. 아이 스스로 불편함을 느끼고 다시는 잃어버리지 않겠다 다짐하길 바라는 거지요. 그러나 학용품의 경우에는 사주지 않아도 아이가 불편함을 느낄 일은 많지 않습니다. 연필, 지우개, 색연필, 사인펜까지 교실에 공용 물품이 부족함 없이 비치되어 있거든요. 없는 경우에는 친구에게 빌릴 수 있으니 부모님이 학용품을 사주지 않더라도 아이는 불편할 일이 없습니다.

잔소리와 협박, 푸념, 핀잔을 퍼붓고 물건을 사주지 않아도 잃어버리는 습관이 고쳐지지 않는 우리 아이, 어떻게 말해줘야 할까요?

첫째, 스스로 챙길 수 있도록 체크하고 안내합니다

아이가 자기 물건을 챙기지 못하면 가장 답답한 사람은 엄마 아빠입니다. 그래서 아이를 졸졸 쫓아다니며 마스크를 대신 걸어주고, 양말을 빨래통에 넣어주고, 음료수도 들어주는 경우가 많지요. 그런데 엄마 아빠가 대신 챙겨주면 아이는 습관이 돼서 더욱 스스로 챙기지 않습니다. 이럴 땐 조금 답답하더라도 아이가 직접 해볼 수 있게 유도하는 편이 바람직합니다. 아이가 자꾸 신경을 쓰게 만들어야 행동도 교정할 수 있어요.

"마스크 어디 둬야 하지?" (체크)

"책가방 두는 자리가 어디지?" (체크)

"책꽂이가 비었네. 다 읽었으면 꽂자." (안내)

"빨래통이 네 양말을 애타게 기다리고 있어." (안내)

다시 말하고 기다려주는 게 귀찮다고 부모님이 대신해주면 아이는 끝내 배울 수 없습니다. 아이가 스스로 움직일 수 있도록 말씀해주세요. 다만 그 말은 핀잔이나 잔소리가 아니라 친절한 안내의 형식을 띠어야 합니다.

둘째, 혼낼 일과 혼내지 말아야 할 일을 구분합니다

물건 잃어버리는 습관은 아무리 혼내도 좀처럼 고쳐지지 않아요. 정말 잃어버린 경우를 제외하면 대부분 엄마 아빠는 아이가 그 물건을 어디에 두고 왔는지 알고 있습니다. 그래서 야단을 친 뒤에 물건을 대신 찾아주곤 하지요.

그런데 생각해보세요. 잠깐 혼나기만 하면 손쉽게 다시 물건을 찾을 수 있는데, 어떤 아이가 책임감을 가지고 자기 물건을 챙기려 하겠어요.

아이의 진짜 잘못은 '잃어버린' 게 아니라 '잃어버린 사실조차 모르고 찾으려는 시도와 노력을 하지 않는' 거예요. 내 물건을 소중하게 여기는 책임 있는 태도를 가질 수 있도록 분명하게 가르쳐야 합니다.

"이미 잃어버린 건 어쩔 수 없어." (이해)

"그런데 네가 잃어버리고도 찾으려는 노력을 안 한 건 잘못이야." (분별)

"네가 지나온 길을 다시 가보고, 학교 분실물 센터도 살펴보는 노력을 반드시 해야 해." (교정)

"네가 일부러 잃어버린 것도 아니고, 모르고 그런 것이니 그건 이해를 해." (이해)

"그런데 없어진 줄도 몰랐다는 건 문제야. 네 물건은 네가 직접 챙겨야 해." (분별)

"차에서 내릴 때 놓고 가는 물건이 없는지 살펴야 해." (가르침)

"정해진 자리에 두면 없어지거나 잃어버릴 일도 없어. 앞으로 제자리에 놓도록 노력을 해." (교정)

딸아이는 물건을 제자리에 두지도 않고 잘 잃어버리는 편이었어요. 초등학교 1학년 때는 매일 연필 세 자루를 챙겨주었는데, 돌아오면 늘 두 자루밖에 없었지요. 학용품부터 실내화, 우산, 키즈폰, 잠바까지 참 많이도 잃어버렸습니다. 이렇게 덤벙대는 성향은 저학년 때까지 개선의 기미를 보이지 않았습니다. 저는 애가 많이 탔습니다. 그래도 잃어버린 아이의 마음이 더 불편할 것 같아 될 수 있으면 혼내지 않고 아이 스스로 찾아볼 수 있게끔 유도했지요. 그렇게 기다려주기를 몇 년쯤 했을까요?

6학년이 된 지금의 딸은 자기 물건을 똑똑하게 챙깁니다. 정리 정돈도 곧잘 하고, 물건을 잃어버려도 자신이 살펴서 찾아내요. 도저히 나아지지 않을 것 같았던 습관도 여유를 가지고 기다려주면 나아질 수 있다는 걸 이제야 알겠습니다.

잔소리와 추궁, 핀잔과 비난의 말은 아이가 무엇을 잘못했는지 알려줄 수 있지만, 어떻게 해결할 수 있는지는 알려주지 못합니다. 훈육의 핵심은 '문제해결력'을 키워주는 거예요. 문제에 머물지 않고 나아갈 수 있도록 도와주는 게 훈육이고 교육입니다. 문제를 적극적으로 나서서 해결하는 아이로 성장시키고 싶다면 지금부터라도 지적하고 비난하기보다는 이해와 안내, 그리고 기다려주는 말을 건네주세요.

문제를 일으키는 아이에게
"다른 사람한테 피해 주지 마!"라는 모호한 금지 대신

"친구들한테 피해 주지 마." (모호한 금지)

"선생님께 예의 바르게 해." (모호한 지시)

"학교에서 문제 일으키지 마." (모호한 지적)

아이가 문제를 일으키거나 다른 사람에게 피해를 주지 않고 바르게 자라주었으면 하는 부모의 마음은 누구나 매한가지입니다. 그래서 아이가 문제 행동을 보이면 바로바로 잡아주려고 노력하지요. 문제는 그 과정에서 지적과 지시, 금지의 말을 너무도 쉽게 내뱉는다는 것입니다. 이런 말들은 부정적이고 모호해서 아이들이 알아듣기가 어렵습니다. 아이로서는 잘못을 개선하고 싶은 마음보다 억울하고 속상한 마음만 들게 마련이지요.

지적, 지시, 금지의 말이 아이들에게 어떤 영향을 끼치는지 자세히 알아보도록 하겠습니다.

첫째, 부정적인 프레임에 갇힙니다

태생이 아무리 밝은 아이라도 엄마 아빠로부터 자꾸 지적을 당하면 마음이 부정적으로 위축될 수밖에 없습니다. 친구들한테 피해 주지 말라는 말을 들은 아이는 이렇게 생각할 거예요. '나는 친구들한테 피해 주는 아이구나.' 선생님께 예의 바르게 하라는 말을 들은 아이는 '나는 예의 없는 애인가 봐', 학교에서 문제 일으키지 말라는 얘기를 들은 아이는 '나는 학교에서 문제만 일으키는 애야' 하고 생각할 수 있겠지요.

어떤가요? 엄마 아빠의 말속에 이미 부정적인 프레임이 함축되어 있지 않나요? 부모님이 무심코 내뱉는 말은 자칫 아이에게 부정적인 자아상을 심어줄 수 있습니다. 문제 행동을 고쳐주고 바르게 키우려는 의도와 달리 아이의 자존감을 떨어뜨릴 수 있다는 사실에 유념해주세요.

둘째, 자신의 기준을 만들기 어려워집니다

다른 사람에게 피해를 주는 행동의 범위나 예의 바름의 기준은 주관적입니다. 사람과 상황에 따라 달라질 수 있어요. 예를 들어, 아이들에게 예의 바른 게 뭐냐고 물어보면 답이 제각각입니다. 어떤 아이는 인사 잘하는 것, 어떤 아이는 어른들 말씀에 "네!" 하고 큰소리로 대답하는 것, 또 어떤 아이는 말대꾸하지 않는 게 예의라고 말합니다. 이처럼 예의의 기준이 모호하다 보니 아이들로서는 야단맞지 않기 위해 눈치껏 행동할 수밖에 없지요.

더불어 사는 세상에서 다른 사람의 시선을 의식하지 않고 살 수는 없습니다. 다만 그 정도가 지나치면 오히려 다른 사람의 눈치를 보느라 제대로 판단하고 행동할 수 없습니다. '이렇게 하면 야단맞지 않을까?', '남들이 어떻게 생각을 할까?' 하는 자기 검열이 일상이 되고 말지요.

삶에서 다른 사람의 비중이 커지면 자신의 비중이 줄어들게 됩니다. 다른 사람에게 피해를 주지 않으려고 애쓰다가 외부의 시선 안에 갇혀버리게 되지요. 이렇게 다른 사람이 주인 행세를 하면 정작 본인은 자기 삶의 주인으로서 우뚝 서기 어렵습니다.

어른이야 다른 사람에게 피해 주는 행동이 어떤 건지 다 알고 있지만, 아이들은 잘 모릅니다. 아이들은 어렴풋이 자신이 무언가를 잘못하고 있다는 사실만을 인지할 뿐 어떻게 해야 할지 몰라요. 이럴 땐 아이의 눈높이에 맞는 행동 지침을 가르쳐주세요. 어렵고 막연한 금지 대신 구체적으로 어떻게 해야 하는지 설명해주세요.

옳은 행동과 그릇된 행동을 명확히 깨우치도록 하는 게 핵심입니다. 기대 행동과 해서는 안 되는 행동을 구체적으로 확실하게 가르쳐줄 때 비로소 아이는 배웁니다. 그리고 이 과정을 통해 부모 역시 자신의 말과 행동을 스스로 고칠 수 있는 생각의 기회를 얻을 수 있습니다.

"친구가 하지 말라고 말하면 멈춰야 해. 싫다는데도 계속하면 그건 장난이 아니라 친구를 괴롭히는 거야." (명확한 행동 지침)

"등교하면 선생님께 인사부터 해." (구체적인 행동 지침)
"궁금한 게 있어도 선생님 말씀 끝나면 물어보는 거야. 말허리 자르면 안 돼." (구체적인 행동 지침)

"화가 나면 화난다고 말을 하는 거야. 책상을 발로 차고 욕하는 건 절대로 안 돼. 앞으로 다시는 그러지 마." (명확한 행동 지침)

아이는 항상 평가를 받는 존재입니다. 같은 반 친구 엄마들, 동네 이웃, 하다못해 지하철 옆자리에 앉은 사람까지도 아이의 말과 행동을 보고 품성을 평가하려 듭니다. 아이를 향한 평가자가 너무 많아요. 부모님까지 평가자가 될 필요는 없습니다. 반대로 평가 때문에 힘들어하는 아이를 보듬어주는 우산 같은 존재가 되어주세요.

틀린 것을 콕 집어주는 게 지적이라면, 어떻게 고쳐나갈지를 콕 집어주는 게 훈육입니다. 문제 행동을 일일이 지적하기보다는 엄마 아빠가 먼저 말과 행동을 통해 바른길을 보여주세요. 그것만으로도 아이들은 충분히 자신의 말과 행동을 반성하고 고쳐나갈 수 있습니다.

질서를 지키지 않는 아이에게
"내려! 뒤에 기다리잖아!"라는 명령 대신

오로지 그네를 타기 위해 놀이터에 가는 아이들이 있습니다. '그네홀릭'인 아이는 미끄럼틀이나 시소에는 관심이 없고 그네만 타려고 하지요. 그런데 기다리는 사람이 없을 때는 그네를 독차지해도 괜찮지만 그렇지 않을 때가 훨씬 많아요. 그네는 놀이터마다 적게는 두 개, 많으면 네 개까지 있는데 그네홀릭인 아이들 때문에 몇 개라도 부족해지는 경우가 생깁니다. 즐겁게 놀기 위해 찾아간 놀이터에서 그네를 더 타겠다며 통곡하는 아이를 보면, 엄마는 눈치가 보이기도 하고 마음이 아프기도 합니다.

내리라고 하면 울어버리는 그네홀릭 아이에게 어떻게 말해주면 좋을까요?

첫째, 순서의 개념을 가르칩니다

나이가 어느 정도 있는 아이들은 유치원이나 학교에서 규칙 지키기 연습을 한 덕분에 양보와 배려를 할 줄 압니다. 하지만 아직 단체 생활을 경험해보지 않은 어린아이들은 막무가내로 자기 욕심을 부리지요. 다른 친구가 그네를 타고 있을 때도 먼저 타겠다며 고집을 부리는 경우가 허다합니다. 심지어 줄을 붙잡고 떠나가라 소리를 지르며 울음을 터뜨립니다. 이럴 땐 이렇게 말씀해주세요.

> "먼저 타고 싶겠지만 어쩔 수 없어. 순서를 지켜야지. 먼저 기다린 친구 차례야. 친구가 내리면 그다음에 네가 탈 수 있어." (순서 설명)

아무리 심하게 떼를 써도 부모님은 단호하게 규칙을 가르쳐야 합니다. 자신의 행동이 다른 사람에게 피해를 줄 수 있다는 걸 아이는 알아야 해요. 그리고 그걸 가르칠 책임은 부모님에게 있습니다.

아이들은 어리고 자기중심적이기에 자기 좋을 대로 하는 게 옳다고 믿어요. 그런 아이들 때문에 즐거워야 할 놀이터는 전쟁터가 되고 맙니다. 규칙은 단순합니다. 온 순서, 기다린 순서대로 타는 것이지요. 아이들끼리는 이 단순한 상식이 통하지 않으니 부모님이 나서서 중재해주셔야 해요. 순서만 잘 가르쳐도 누가 양보를 안

했다고 따질 일 없고, 억지로 양보를 강요해 아이를 울릴 일도 없습니다. 한 사람만이 아닌 모두가 행복할 수 있는 키워드, 바로 '순서'입니다.

둘째, 의사를 묻고 대화로 조율합니다

> "이제 내려. 뒤에 친구 기다리잖아." (명령)
> "안 돼! 얼른 내려." (명령)

아이는 더 타고 싶어하는데, 무조건 양보를 강요하는 부모님도 있습니다. 아마도 부모님께서 도덕적이고 배려심이 많아서일 거예요. 그러나 높은 수준의 도덕성은 부모님의 삶에서만 추구해도 됩니다. 아이의 삶에 강제로 주입하는 행위는 도덕을 가장한 폭력이 될 수도 있어요. 강제로 내리게 하기보다 우선 아이의 마음을 물어보고 적절한 선까지는 기다려주되, 그래도 안 되면 끊고 아이에게 가르쳐주세요. 먼저 아이의 의사를 묻고, 그다음 대화로 조율하는 게 바람직해요.

"뒤에 친구 기다리니까, 슬슬 내려올 준비하자. 아니면 몇 번 더 타고 싶어?" (생각 인정)

"백 번은 너무 많아." (한계 설정)

"스무 번만 타고 내려오자." (조율)

"다시 줄 서서 기다리면 또 탈 수 있어." (대안 설명)

집은 층간소음 때문에 뛰면 안 되고, 길가는 쌩쌩 달리는 차 때문에 위험합니다. 도시에서 아이들이 마음 놓고 즐겁게 뛰어놀 수 있는 공간은 놀이터가 거의 전부입니다. 그런데 그 놀이터가 울고불고 싸우면서 마음만 상하는 공간이 되어서는 안 되겠지요?

차근차근 아이들에게 순서를 가르쳐주세요. 의사를 묻고 조율하는 대화의 기술로 규칙 지키는 방법을 알려주세요. 순서와 규칙만 잘 지켜도 모든 아이가 마음껏 뛰어노는 안전하고 평화로운 놀이터를 만들 수 있습니다.

사과하지 않는 아이에게
"어서 사과해! 화해해!"라는 종용 대신

각기 다른 사람이 함께 살다 보면 갈등이 있게 마련이지요. 아이들도 마찬가지입니다. 하나하나 떼어놓고 보면 천사처럼 착한 마음씨를 가진 아이들인데, 같이 놀다 보면 싸우는 일이 허다합니다. 부모의 양육 태도가 아무리 훌륭하고 자녀와 긍정적으로 상호작용한다고 해도 또래 아이들끼리의 충돌을 막지는 못합니다. 특히 아이가 여럿이라면 싸움은 피할 수 없지요.

그런데 아이들은 다투는 법은 알아도 해결하는 법은 모릅니다. 여지없이 엄마 아빠가 나설 수밖에요.

> ## 초1, 초6 형제가 핸드폰 사용을 두고 다투는 상황
>
> **형**   아빠, 얘가 제 핸드폰 가져가서 함부로 만지고 게임도 했어요.
>
> **아빠** 어서 형한테 미안하다고 해. 입장 바꿔 생각해봐. 형이 너 몰래 네 핸드폰 쓰면 좋겠니? (사과 지시)
>
>   뭐 하고 있어? 얼른 사과 안 하고. (사과 종용)
>
> **동생** 미안해…….
>
> **아빠** 동생이 미안하다고 말하잖아. 너도 얼른 괜찮다고 대답해야지! (화해 지시)
>
>   동생이 사과하는데, 됐다고 하면 어떻게 해? 마음을 넓게 써야지. 빨리 사과받아 줘. (화해 종용)

아이들은 옳고 그름을 판단하는 일에 미숙합니다. 왜 상대방이 기분 나빠 하는지, 왜 내가 사과해야 하는지 알지 못합니다. 자신의 어떤 행동이 다른 사람의 기분을 상하게 했는지, 어떻게 피해를 주었는지 깨닫기 위해서는 부모의 도움이 필요합니다. 아이가 보지 못하는 것을 볼 수 있게 엄마 아빠가 가르쳐야 하지요. 자녀에게 사과하라고 시키는 일이 마음에 썩 내키지는 않겠지만, 잘못이 분명할 때는 확실하게 사과하는 법을 알려줘야 합니다.

아이도 자신의 감정을 굽히는 방법을 배워야 합니다. 잘못을 인정하고 사과하는 것도 연습이 필요하지요. 미안하다는 말도 하지

않다 보면 꼭 필요할 때 어색해서 입이 떨어지지 않습니다. 어릴 때부터 연습하지 않으면 커서는 더욱 배우기가 힘듭니다. 자신의 상처만 알고 다른 사람의 상처는 모르는 어른들이 주변에 얼마나 많나요? 어릴 적부터 부모님께 배우고 연습해보아야, 성인이 되었을 때 잘못을 인정하고 미안해할 줄 아는 상식적인 사람으로 살아갈 수 있습니다.

그러나 아이들 다툼은 대부분 상황이 가해자와 피해자로 명확히 나뉘지 않습니다. 손뼉도 마주쳐야 소리가 나는 법이거든요. 잘못의 경중이나 누가 다툼의 원인 제공을 했는지는 가릴 수 있겠지만, 대개는 양쪽 모두에게 골고루 잘못이 있어요.

이럴 때 먼저 미안하다고 말하고 사과를 하면 받아주는 게 미덕인 건 분명하지만, 그 전에 서로의 입장을 충분히 이해시킬 필요가 있습니다. 진정한 사과와 화해는 마음에서 우러나오는 것이지 지시나 강요로 이루어지는 게 아니니까요.

우선 아이들의 입장을 들어주고 마음을 수습할 수 있는 시간을 주십시오. 무조건 사과를 강요하지 말고 마음부터 헤아려주세요. 그렇게 스스로 미안한 마음을 확인했을 때 진정으로 화해하는 방법을 가르칠 수 있습니다.

"형과 화해할 마음이 있니?" (화해 의사 확인)

"동생이 사과하면 받아줄 마음 있니?" (화해 의사 확인)

"네가 허락도 없이 형의 핸드폰을 썼잖아. 미안한 마음이 든다면 형에게 먼저 사과하는 게 좋겠어." (사과 권유)

"형의 마음이 단단히 상했나 봐. 사과를 안 받아주니 서운하겠지만, 엄마도 화해를 강요할 수는 없어." (양쪽 입장 설명)

"네가 동생의 사과를 받아주지 않는 데는 그럴만한 이유가 있을 거야. 시간이 필요한 거야." (기다림)

"시원한 거 먹고 화 좀 가라앉으면 다시 이야기하자. 냉장고에서 아이스크림 꺼내줄게." (대안 제시)

"화해하는 게 쉽지는 않아. 어려운 일인 게 분명해. 그래도 자꾸 해봐야지."
(긍정적 이해)

물론 사과와 화해에는 타이밍이 중요하고, 질질 끌기보다는 곧바로 하는 게 최선입니다. 그러나 당사자가 내키지 않는다고 하면 기다려주어야 해요. 사과와 화해를 권유할 수는 있지만 "빨리 사과해!", "당장 사과해!"라는 식으로 시기까지 정해줄 수는 없어요. 부모님이 불편한 마음에 중재 아닌 강요를 하고 있는지 돌아보아야 합니다.

지시하고 명령하면 아이들은 분명 화해를 할 거예요. 그러면 부모님의 마음도 한결 편해지겠지요. 하지만 엄마 아빠에게 편한 이 방식이 과연 아이들에게도 편한가에 대해서는 생각해볼 문제입니다. 시켜서 억지로 하는 사과와 마음에서 우러나와 진심으로 하는 사과는 아이들도 구분할 수 있으니까요. 게다가 사과를 형식으로 배운 아이는 학교에서도 사과만 하면 그것으로 잘못을 면제받는다 여깁니다. 아무래도 타인의 마음을 헤아리는 일에 서투를 수밖에 없지요.

　설명과 설득은 확실히 지시나 명령보다 번거롭습니다. 하지만 부모님이 여유롭게 마음을 가진다면 시간이 해결해줄 수 있는 문제입니다. 사과를 지시하고 화해를 종용하지 않아도 감정이 추스러지면 아이들은 스스로 사과하고 화해할 수 있어요. 조금 성가시더라도 충분한 대화를 통해 화해에 이를 수 있도록 도와주세요. 진정성 있는 사과와 화해 경험은 아이의 삶에 자양분이 될 것입니다.

정성 있는 사과와 화해의 경험은
아이의 삶에 자양분이 되어줍니다.

세 걸음,
공부 습관 말 연습

숙제가 많다는 아이에게
"엄마 위해서 공부하니?"라는 죄책감 대신

초2 아이가 숙제하기 싫어서 자꾸 미루는 상황

아이   숙제하기 짜증나요. 지겨워요.

엄마   엄마 위해서 숙제하니? 싫으면 하지 마! (죄책감 유발)

          다른 애들에 비하면 넌 적게 하는 거야. (부정적 비교)

아이   너무 많아요. 언제 다 해요? 나는 온종일 공부만 하고 놀 시간도 없잖아요!

엄마   그만 징징대. 듣기 싫어. (금지)

          하루 한 장이 뭐가 많아? (부정적 단정)

          짜증 부릴 거면 다 때려치워. 학원도 관두고 숙제도 하지 마. 네 맘대로 해. (극단화)

아이   ……

하루 연산 한 장, 글씨 쓰기 한 쪽, 파닉스 한 쪽이 뭐가 많다고 아이는 시작도 하기 전에 불평부터 늘어놓습니다. 많은 양이 아닌데다 일단 시작하면 5분이면 끝낼 수 있음에도, 해보지도 않고 10분을 넘게 징징거리면서 엄마 속에서 천불이 나게 만들지요. 공부 습관을 만들려던 목표는 뒷전이 되고 아이와의 감정싸움이 시작되는 것도 바로 이때입니다.

사실 숙제 전쟁은 누구나 거치는 과정이에요. 아이가 조금만 더 크면 어차피 해야 할 일이라는 사실을 받아들이고 별다른 저항 없이 숙제를 하게 되지요. 오히려 빨리 끝내고 즐겁게 놀려고 속도를 붙일 거예요. 그러니까 숙제 전쟁은 아이가 크기 위한 통과의례라고 보면 됩니다.

그런데 대부분의 엄마 아빠가 이 시기를 버티지 못하고 아이에게 비교와 금지, 죄책감을 주는 말을 합니다. 싫다고 저항하는 아이와 꼬리에 꼬리를 무는 감정싸움을 벌이지요. 그리고 이런 단정, 비교, 금지 등의 부정적인 말은 아이의 반발심을 일으킵니다. 가뜩이나 하기 싫은 마음에 기름을 붓는 꼴입니다.

숙제가 힘들다고 투덜대는 아이에게는 엄마 아빠가 어느 한쪽으로 치우치지 않은 중립적이고 균형된 입장에서 공감과 설득, 협상, 설명의 말을 해주는 과정이 필요합니다.

"공부는 네가 똑똑해지려고 하는 거야. 너를 힘들게 만들려고 시키는 게 아니야." (분별)

"네가 정 힘들면 못 하지. 이렇게 힘든 일을 어떻게 매일 하겠어." (공감)

"5분이면 거뜬히 끝낼 것 같은데, 한번 해보자." (위안)

"너라면 할 수 있어!" (격려)

"힘들면 언제든 얘기해. 엄마가 도와줄게." (위로)

아이가 공부를 잘하면 부모의 마음은 이루 말할 수 없이 뿌듯합니다. 그러나 아이에게 하루 한 장씩 공부시키면서 지식 책장을 채우는 것만큼이나 중요한 건, 매일 한마디씩 존중의 말을 건네면서 아이의 존중 책장을 채워나가는 일입니다. 하기 싫어하는 아이에게 나무라는 말 대신 어려운 마음을 인정해주는 말, 긍정적인 말, 다정한 말을 건네주세요. 크면 클수록 공부는 재미없는 일에서 재미있는 놀이로 바뀔 거예요.

공부가 힘들다는 아이에게
"너만 힘든 거 아니야!"라는 비교 대신

"집에서 뭐 했어? 수건도 안 빨아 놓고."

"내가 집에서 수건 빠는 사람이야? 당신은 뭐 하는데?"

집에서 뭐 했냐는 남편의 말은 참 서운합니다. 섭섭한 마음에 쌀쌀한 말을 돌려주고 말지요. 가족을 위해 힘들어도 참고 일하는 남편의 노고와 집에서 아이들 먹이고 씻기고 재우는 엄마의 수고는 경중을 가릴 수 없음에도 가시 같은 말로 서로에게 상처를 줍니다.

아이에게도 이같이 말로 상처를 줄 때가 있어요. 하루 한 장 연산이 너무 힘들다는 아이, 하루 한쪽 문제집 풀기가 힘들다며 울먹이는 아이에게 부정적 판단, 비난, 비교의 말을 쏟아냅니다.

아이의 기를 죽이는 부정적 판단의 말

"겨우 한 장 해놓고 힘들대. 대체 뭐가 힘들어?" (의미 축소)
"고작 5분 하고 힘들다고 하면 어떻게 해?" (힐난)
"아무것도 아닌 걸 가지고 투정이야." (왜곡)
"별것도 아닌데 유난을 떨어." (면박)

힘들다는 아이에게 이유를 따져 묻습니다. 아이의 어휘력으로 왜 힘든지 설명하기가 힘들 텐데 말이지요. 또 아이의 고통을 축소시킵니다. 심지어 투정 부리고 유난을 떠는 것으로 판단합니다.

아이는 어느새 불평만 늘어놓는 투덜이가 되고 맙니다. 겨우, 고작, 아무것도 아닌 일, 별것도 아닌 일이라는 판단 앞에 아이는 기가 죽어요.

아이의 감정을 숨기게 만드는 비난의 말

"노는 건 종일 해도 안 힘들고, 공부만 하면 힘들지?" (비꼬기)
"네가 밥을 해, 청소를 해, 빨래를 해? 뭐 하는 게 있다고 힘들어?" (책망)

위로의 손길을 내미는 아이에게 오히려 비난과 책망의 말을 던집니다. 상처에 소금을 뿌리는 셈이지요. 가뜩이나 힘든데, 비난의 말까지 감내해야 하니 아이는 내색조차 할 수 없습니다. 앞으로 아이는 어떤 일이 있어도 힘들다는 말은 하지 말아야겠다고 다짐합니다. 엄마 아빠 앞에서까지 감정을 감추기 위해 애써야 한다는 건 정말 안타까운 일이에요.

아이의 마음에 상처를 만드는 비교의 말

> "아프리카에는 더 힘든 애들도 많아. 넌 행복한 거야." (하향 비교)
>
> "너만 힘든 거 아니야. 아빠는 돈 버느라 힘들고, 엄마는 네 뒷바라지하느라 힘들어. 다 힘들어." (부정 비교)

고통은 비교의 대상이 아닙니다. 사람에게는 각자의 고통이 있고, 그걸 견줄 순 없어요. 다른 사람이 힘든 걸 안다고 해서 내가 힘든 게 줄어드는 것도 아니고요.

하향 비교하는 말은 위로를 가장한 억지이고, 가르침인 것 같지만 본질은 꾸짖음입니다. 힘들다는 게 혼날 일일까요? 아이의 힘듦을 부모의 힘듦으로 찍어 누르려 해서는 안 됩니다. 다 큰 어른들도

"너만 힘든 거 아니야"라고 말하면 상처를 받잖아요. 어른들도 이러할진대, 마음이 덜 자란 아이들 마음속에는 얼마나 큰 상처가 남을까요.

힘들다는 아이에게 비난과 비교의 말을 던지는 까닭은 대개 그 이유를 납득하기 어려워서입니다. 아이에게 부모의 기준과 잣대를 들이대지 않는 아량과 포용력이 필요해요. 아이의 입장과 눈높이에서 보면 이해할 수 있습니다. "내가 너라도 힘들 거야"라는 공감까지는 어렵더라도, "네 입장에서는 힘들 수 있지"라는 인정은 가능합니다. 최소한 "뭐가 힘들어?"라는 부정의 말은 안 할 수 있어요. 힘들다는 마음을 털어놓았을 때 돌아오는 판단, 비난, 비교의 말에 아이는 말문이 닫힙니다. 우선 인정의 말을 해주세요.

"힘들구나." (인정)

"힘들었겠다." (인정)

"힘들어 보여." (인정)

"힘들 수 있지." (이해)

"힘들 거야." (이해)

"힘들지? 이제 한 장만 더 하면 끝인데 기왕 시작한 김에 끝까지 해볼래, 아

니면 잠깐 쉬었다 할래? 어떻게 하고 싶어?" (의견 듣기)

"수고 많았어. 힘들어서 어떻게 해. 간식 먹고 좀 쉬었다 할까?" (대안 제시)

공부가 왜 힘든지 이유도 들어 보는 게 좋아요. 대화를 통해 객관적인 이유를 찾아보고 스스로 해답도 찾아보는 게 중요합니다. 공부량이 많아서라면 조율하면 되고, 문제집의 난도가 너무 높아서 문제라면 풀이를 도와주면 됩니다. 아이가 구체적으로 무엇이 힘들다고 하는지 명확하게 알아볼 필요가 있어요.

"어떤 부분이 힘들어? 양이 많아서 벅차다는 거야, 아니면 지금 푸는 문제가 어렵다는 거야?" (원인 분별)

"아예 못하겠다는 거니, 아니면 해보긴 하겠는데 다는 못하겠다는 거니? 어느 쪽이야?" (명확화)

"얼만큼이면 해볼 수 있겠어? 한 쪽이든 한 문제든 네가 해낼 수 있는 양을 말해봐." (협상)

힘든 걸 인정해주면 아이가 나약해질까 봐, 응석받이가 될까 봐, 쉽게 포기하는 아이가 될까 봐 걱정스러운 게 부모의 마음입니다. 그럴 땐 엄마 아빠가 힘들었을 때의 감정을 떠올려보세요. 누군가

가 그 힘듦을 알아주었을 때를 떠올려보세요. 남편이 집에서 수건
도 안 빨아 놓았냐는 말 대신에 위로의 말을 해주었다면 어땠을까
요?

"씻고 나왔는데 수건이 없어서 당황했어. 당신 힘들지? 애써줘서
고마워. 앞으로 내가 더 도울게."

힘듦을 인정받으면 나약해지고 나태해질 것 같지만, 그렇지 않
아요. 공부가 힘들다는 아이도 인정받고 위로받으면 오히려 앞으
로 더 열심히 해야겠다는 의욕과 각오가 싹틉니다. 학습에 대한 자
발적 동기도 이때 생겨나고요. 부모의 존중이 아이의 자기주도성
과 자기주도적 학습력의 바탕이 되는 셈입니다.

어떤 부분이 힘든지 대화를 통해
객관적인 이유를 찾아보고,
스스로 해답도 찾아보는 게 중요합니다.
이 과정에서 아이에게 부모의 기준과 잣대를
들이대지 않는 아량과 포용력이 필요합니다.

먼저 놀고 싶어하는 아이에게
"왜 약속을 안 지켜?"라는 비난 대신

"숙제해." (숙제 지시)

"집에 오면 숙제부터 해." (숙제 지시 + 순서 지시)

숙제부터 하라는 말에는 두 가지 지시가 담겨 있습니다. 숙제와 순서, 한 문장에 두 가지를 한꺼번에 지시하는 이중 지시예요. 물론 집에 오면 숙제부터 끝내는 게 최선입니다. 하지만 순서는 정할 수 있어요. 반드시 해야 하는 일과, 선택할 수 있는 일의 분별이 필요합니다.

"숙제는 꼭 해야 해. 네가 하고 싶을 때 하고, 안 하고 싶을 때 안 할 수 있는

게 아니야." (분별)

"숙제부터 끝내는 게 제일 좋아. 숙제 먼저 하는 게 쉽지 않지만, 자꾸 해보

면 익숙해져." (최선 제시)

"간식 먹고 숙제할래, 아니면 숙제부터 하고 간식 먹을래? 어떻게 하고 싶

어?" (숙제 지시 + 순서 선택)

"피곤하면, 좀 쉬었다가 하는 건 어때?" (대안 제시)

"숙제 끝내고 놀이터 가자. 약속!" (대안 제시)

반드시 해야 하는 일에는 양보가 없어야겠지만, 선택할 수 있는

일이라면 아이에게 기회를 주는 게 바람직합니다. 그런데 숙제하

고 놀이터 가기로 약속했음에도 아이가 이렇게 말할 때가 있어요.

"아, 숙제 안 하면 안 돼요?"

"먼저 놀이터 가면 안 돼요?"

약속을 뻔히 알고 있음에도 재차 묻는 것이지요. 숙제를 미루고

싶고, 놀고만 싶어서 그래요. 이럴 때 엄마는 정말 답답하고 난감합

니다.

> "간식 먹고, 숙제 끝내고 놀이터 가기로 방금 약속했잖아. 몰라서 물어?"
> (빈축)
> · "왜 약속을 안 지켜?" (비난)

아이의 부정적인 질문에 엄마가 부정적인 말을 돌려주는 소모적인 대화입니다. 꼬리에 꼬리를 물고 이어지는 소모적인 대화를 막으려면 무엇보다 아이의 부정적인 질문을 바꿔야 합니다.

"안 되는 거 묻지 말고 되는 걸 물어보면 좋겠어. '숙제 다 하고 나면 놀이터 가는 거지요?' 이렇게 긍정적으로 물어보면 엄마도 너에게 기분 좋은 답을 할 수 있어."

긍정적인 대화를 이어나가기 위해서는 대화의 출발점부터 긍정적이어야 합니다. 엄마 아빠가 좋게 말하려고 애쓰는 만큼 아이도 그렇게 할 수 있어야 해요.

아이가 겪게 될 시행착오를 줄이려고 하면 반대로 부모의 지시가 늘어납니다. 그러나 아이는 지시가 아닌 경험과 시행착오를 통해 배운다는 사실을 기억하세요. 우리도 어렸을 때는 많이 부족했지만 시행착오를 거치면서 성장했잖아요. 분명 우리도 숙제를 미루고, 부모님과의 약속도 어겼을 거예요. 그 시기를 충분히 거치고 난 뒤의 지금 우리 모습처럼 우리 아이들도 그러할 것입니다.

학원 가기를 거부하는 아이에게
"싫어도 6개월은 해야 해!"라는 강요 대신

학원을 보내는 데는 여러 상황과 이유가 있습니다. 아무것도 안 시키면 괜히 불안한 마음에, 집에서 마냥 게임만 하려는 아이와의 씨름 때문에, 혹은 퇴근 시간을 맞추기 위해서 등등 다양해요. 그런데 아이가 학원에 재미를 붙이고 꾸준히 다니면 좋겠지만, 학원 가기 싫다고 버티는 날도 있고 아예 그만두겠다고 할 때도 있습니다.

> **초3 아이가 학원을 그만 다니고 싶다며 조르는 상황**
>
> 아이   저 학원 안 가면 안 돼요? 학원 가기 싫단 말이에요.
> 엄마   싫어도 6개월은 해봐야 해. (강요)
>   맨날 싫대. 학원 가기 싫다는 소리가 입에 붙었어. (과잉 일반화)

노는 것만 좋고, 공부는 다 싫지? (외면)

싫어도 해야 하는 게 있어! 아빠도 좋아서 회사 다니는 거 아니야.

엄마도 밥하기 싫고, 청소하기 싫어. 그래도 참고 하잖아. (당위적 명령)

비싼 학원비 대고, 데려다주고 데리고 오는 거 보통 일 아니야. 싫다는 소리가 나와? (채무감 유발)

대기 풀려서 겨우 들어간 건데, 그만둬? 지금 끊으면 나중에 다니고 싶어도 못 다녀! (협박)

약해 빠진 소리 하면 못써. 어떻게든 견뎌볼 생각을 해야지. 그렇게 쉽게 포기하면 나중에 뭐가 돼? (억압)

학원 그만 다니고 싶다는 아이에게 안 된다고 딱 잘라 말합니다. 물론 좀 더 견디다 보면 고비를 넘기고 마음이 달라질 수도 있어요. 대부분 이런 희망을 가지고 가기 싫어하는 아이의 등을 떠밀지요. 하지만 그 전에 먼저 물어야 하는 게 있습니다.

"왜 그만 다니고 싶어?"

"싫은 이유가 뭐야?"

아이가 그만 다니겠다고 하는 데는 반드시 이유가 있습니다. 괜히 싫다고 하지는 않아요. 학원에 계속 다닐지 말지를 결정하는 건 나중 일이고, 왜 싫다고 하는지 이유부터 알아야 해요.

"너무 어려워요. 선생님 설명을 아예 못 알아듣겠어요."

"테스트가 싫어요. 100점 맞는 애들도 많은데, 내가 제일 못해요."

수업 레벨이 안 맞으면 흥미가 떨어질 수밖에 없어요. 알아듣지 못하는 말을 계속 듣고 있는 건 배움이 아니라 곤욕입니다.

"하늘이가 학원 셔틀 탈 때부터 툭툭 건들어요."

또래 관계에서의 갈등도 학원을 기피하는 이유가 될 수 있지요. 학교는 일단 같은 반이 되면 한 해 동안 바꿀 수 없지만, 학원은 반 조정도 가능하니 아이와 의논해보아야 합니다.

"그냥……. 몰라요. 모르겠어요."

말주변 없는 아이는 논리적인 답변을 찾지 못하고 그저 모른다고 할 수도 있습니다. 이때는 질문을 통해 차근차근 이유를 찾아가야 해요.

레벨 문제

"선생님 설명이 알아듣기 어렵니? 진도를 따라가지 못하겠다면 선생님 도움을 받아보자."

숙제 문제

"숙제 때문이야? 숙제가 많긴 해. 매일 해야 하니 버거울 수 있지. 양을 조절해보자."

또래와의 관계 문제

"혹시 친구 때문이니? 친구랑 안 좋은 일 있었어? 편하게 말해도 돼."

교사와의 관계 문제

"선생님께 야단맞았니? 선생님이 불편한 거야? 솔직히 말해줘."

이렇게 질문해도 모르겠다는 답으로 일관한다면 이렇게 얘기해보세요.

"네가 학원 가기 싫은 데는 그만한 이유가 있을 텐데, 물어도 모른다고만 하니 엄마는 답답해. 엄마가 학원 선생님 만나서 상의해볼게. 그만두는 문제에 대해서는 상담 이후에 다시 이야기 나누자. 그때까지는 일단 다녀."

아이가 싫다는 이유에 따라 해결책도 달라집니다. 각각 상황에 맞는 지혜로운 해결책을 찾아야지, 덮어놓고 강요하는 건 최선이 아닙니다. 가뜩이나 학원 가기 싫은 상태에서 강요, 의무, 협박, 억압의 말을 들으면 아이는 그나마 있던 의욕마저 잃어버릴 수 있어요. 6개월이 지나면 상황이 달라질 수도 있지만, 6개월 동안 학원 전기세만 내주고 올지도 모릅니다.

사실 '싫어도 6개월은 해봐야 한다'는 말은 사교육계에서는 공식으로 통합니다. 실제로 6개월을 다니면 친구도 사귀고 공부에 재미를 붙여서 더 오래 다니게 될 확률이 높아지지요. 그러나 기간보다 중요한 건 아이의 마음입니다. 학원의 문은 쉽게 열 수 있지만, 한번 닫힌 아이의 마음의 문은 쉽게 열리지 않습니다. 아이가 너무 싫어하면 억지로 보내시지 않는 게 현명한 선택이에요. 괜히 돈 낭비 시간 낭비하면서 아이와의 사이까지 나빠질 필요는 없으니까요.

싫어도 해야만 하는 일이 있고, 하고 싶은 것만 하고 살 수도 없는 게 인생입니다. 세상은 엄마 아빠처럼 친절하게 기다려주지도 않고 잘못을 이해해주지도 않지요. 이렇게 호락호락하지 않은 세상을 살아가다 보면 지쳐서 그만두고 싶을 때도 많아요. 그럼에도 다시 일어서서 도전하고 나아가는 사람들의 이야기를 들어보면 그 배경에는 뒤에서 든든하게 버텨주는 부모님들이 있습니다. 의견을 묻고, 기다려주고, 함께 해결책을 찾아가는 과정에서 부모님에게 존중받고 이해받았던 경험이 있습니다.

힘든 일이 있어도 버티면서 꾸준히 자기의 길을 걷는 뚝심 있는 아이로 키우고 싶다면 기억해주세요. 아이가 다시 일어서는 힘은 존중에서 나온다는 걸. 그리고 그 존중은 강요와 협박, 의무, 당연시하는 말로는 절대 얻을 수 없는 정서적 토양이라는 사실을요.

네 걸음,
관계 맺기 말 연습

절교당한 아이에게
"너도 걔랑 놀지 마!"라는 감정 이입 대신

> **초1 아이가 친구에게 절교를 당하고 온 상황**
>
> 아이   엄마, 구름이가 내 포켓몬 카드 달래서 안 된다고 했어. 그랬더니
>   나랑 안 논대. 이제 절교래.
>
> 엄마   뭐 그런 애가 다 있어? 너도 걔랑 놀지 마. (감정 이입)
>   너도 똑같이 말해줘. '나도 너랑 안 놀아!', '너랑 절교야'라고 말해!
>   (절교 지시)
>   상대할 가치도 없어. 신경 쓰지 마. 그냥 무시해. (무시 지시)

아이의 친구 문제가 힘들게 느껴지는 까닭은 엄마의 감정을 건들기 때문이에요. 아이에게 함부로 말하는 친구는 엄마에게도 상처가 됩니다. "너도 그런 애랑 놀지 마!", "상대하지 마!"라고 말하

게 되는 것도 엄마의 감정이 이입되기 때문이지요.

　그런데 부모가 먼저 상처를 받으면 아이의 마음을 보듬어줄 수 없습니다. 친구 문제에 있어서는 무엇보다도 부모님의 이성적이고 객관적인 태도가 필요해요.

　　"그 친구가 먼저 잘못된 요구를 했네. 네가 주지 않은 건 잘한 일이야."
　　(상황 파악, 시비 정리)
　　"갑자기 절교하자고 하니까 너로서는 황당했겠다." (아이 입장 설명)
　　"그 친구는 진짜 절교하자는 게 아니라, 뜻대로 안 되니까 마음이 상해서 안 논다고 한 것 같아." (상대편 입장 설명)
　　"그래도 절교라는 말은 지나치지. 네가 속상했겠어." (공감)

　아이에게 못되게 구는 친구를 이해하기란 쉽지 않아요. 그러나 부모님이 먼저 이해해야만 아이도 이해시킬 수 있습니다. 아이들은 부모님의 감정과 행동을 고스란히 배우는 경향이 있으니까요. 그리고 언제든 내 아이도 미숙하고 다듬어지지 않은 말로 다른 아이에게 상처를 줄 수도 있습니다. 내 아이를 대하듯이 다른 아이를 품어주는 미덕이 필요합니다.

특히 유치원부터 초등 저학년까지의 아이들은 '절교'라는 말을 쉽게 합니다. 그래도 다행인 건 아이들끼리는 쉽게 싸우고 쉽게 화해한다는 것입니다. 어른들끼리 싸우면 마음을 푸는 데 오랜 시간이 걸리지만, 아이들은 그렇지 않아요. 상대방의 입장을 이해하고 공감하면 마치 아무 일도 없었다는 듯이 금세 어울려 놉니다. 이렇게 절교를 하고도 다음 날 다시 노는 걸 보면 이 나이 때 아이들에게 절교라는 말의 의미는 "너랑 지금 놀기 싫어", "너한테 서운해" 정도인 것 같아요. 너무 심각하게 받아들일 필요가 없다는 뜻이지요.

그런데 절교하자는 말을 하루가 멀다 하고 습관처럼 하는 아이라면 좀 다릅니다.

> "너랑 절교야", "너랑 안 놀아." (절교 선언)
> "이거 안 주면 절교야!", "이렇게 안 하면 절교야!" (절교 협박)

걸핏하면 안 논다고 하고 절교로 협박하는 걸 입버릇처럼 하는 친구가 있다면 아이에게 물어봐야 합니다.

"엄마가 보니까 구름이는 너랑 절교하자는 말을 자주 하던데, 엄마 생각이

맞니?" (사실 확인)

"넌 괜찮아? 진심이 아니라는 걸 머리로 알면서도 마음이 상할 수는 있어. 솔직하게 말해도 괜찮아." (아이의 마음 확인)

"네 마음은 네가 지켜야 해. 놀 때마다 마음이 상하는 일이 계속되면 그 친구와 거리를 두는 것도 방법이야." (대안 제시)

한두 번이면 모를까, 절교 선언과 절교 협박을 계속 이해해줄 수는 없습니다. 절교 선언이 반복되면 폭력적으로 느껴져서 아이의 자존감을 다치게 할 수 있으니까요. 친구에게 지속적으로 상처받고 이겨내는 과정을 오롯이 아이 혼자만의 몫으로 맡겨두는 건 가혹한 일입니다.

그렇다고 해서 부모가 직접적으로 간섭하는 것도 좋은 해결책은 아닙니다. 친구와 놀지 못하게 떼어놓는 것도 바람직하지 않고요.

"걔랑 놀지 마!"

"무시해."

이런 말에는 부모의 결정에 따르라는 의미가 담겨 있어요. 관계의 결정권은 엄마라는 제3자가 아닌 아이들에게 있습니다. 그 친구와 놀든 놀지 않든 그건 아이가 결정할 문제예요. 아이의 친구이지 엄마의 친구가 아니니까요.

물론 무조건 손 놓고 있으라는 건 아닙니다. 절교 선언을 들었을 때 아이의 마음이 어떤지 살펴주고, 참기만 하는 게 능사는 아님을 가르쳐주세요. 적절한 거리를 두면서 마음을 지키는 법을 가르쳐주세요. 선택과 결정은 아이에게 맡기는 '가치 중립적인 태도'와 아이의 마음을 섬세하게 살펴봐주는 '공감적인 태도'를 동시에 보여주세요.

아이는 친구라면 가리지 않고 다 좋아하지만, 엄마인 저는 달랐습니다. 아이 친구라고 해서 다 좋은 건 아니었어요. 솔직히 정이 안 가는 친구도 있었습니다. 미운 말을 툭툭 던지고, 은근히 내 아이를 배제시키고, 불리한 놀이 규칙을 만들어 제멋대로 쥐고 흔들려 하는 걸 볼 때 저는 진심으로 속이 상했어요. 직업이 초등학교 교사이다 보니 아이들의 문제 행동에 대한 인지가 빨라 거슬리는 일도 무척 많았고요.

이럴 땐 "걔 말고, 다른 친구랑 놀아", "친구 좀 가려서 사귈 수 없겠니?"라고 말하고 싶었지만 삼키고 또 삼켰습니다. 지금은 그때 내색하지 않고 지켜보길 잘했다 싶습니다. 자기와 맞는 친구를 찾고 가까워지는 법을 아이 스스로 학년이 올라가면서 터득했거든요. 엄마가 개입했다면 오히려 그 배움의 시간이 길어졌을 거예요.

사람 보는 눈은 타고나는 게 아닙니다. 절교당하고 상처도 받으면서 시행착오를 경험해야 내게 맞는 사람을 찾을 수 있는 안목이 생깁니다. 책임감 있고 사회성 있는 아이로 키우고 싶다면 부모님이 간섭하는 대신 아이가 충분히 시행착오를 겪을 수 있도록 기회를 주세요. 당장은 지켜보는 부모님의 마음이 아프겠지만, 시간이 흐르면 내면이 부쩍 성장한 아이를 만날 수 있게 될 겁니다.

친구에게 함부로 하는 아이에게
"너 이러다 왕따 돼!"라는 위협 대신

여섯 살 아이가 여러 친구들을 집으로 초대해 놀고 있습니다. 그런데 아이의 마음이 편해 보이지 않습니다. 장난감을 집어 든 친구를 빤히 바라보더니 결국 "내 거야!" 하면서 빼앗아 버리네요. 티격태격하던 친구들은 결국 놀기로 계획했던 시간보다 일찍 집으로 돌아가고 말았습니다.

아이에게 친구 사귈 수 있는 기회를 주고 싶어서 큰맘 먹고 초대했는데, 즐겁게 놀기는커녕 다투고 일찍 돌아가는 걸 보니 엄마는 마음이 불편합니다. 아이가 친구들 사이에서 비호감이 될까 봐 걱정이 태산입니다.

"우리 집에 놀러 온 손님이야. 사이좋게 놀아야지. 내 거라고 빼앗으면 어떻게 해?" (비난)

"너 유치원에서도 이래?" (장소 연결)

"입장을 바꿔서 생각해봐. 너라면 기분 좋겠어? 자꾸 미운 말 하는데, 너라면 놀고 싶겠냐고?" (죄책감 유발)

"누가 널 좋아하고, 누가 너랑 친구를 해?" (수치심 유발)

"친구한테 너 하고 싶은 대로 하는 거 아니야. 네 멋대로 하지 마!" (금지)

"너 자꾸 이러면 왕따 돼." (위협)

"기껏 친구들 초대해줬더니 다투기나 하고, 다시는 친구 안 불러!" (경고)

아이는 혼란스럽습니다. 내 장난감을 빼앗길 것 같아서, 잃어버릴 것 같아서 지키려고 그랬던 건데 엄마가 왜 이렇게 화를 내는지 이해할 수 없어요.

결론적으로 부모의 비난과 위협, 경고의 말은 아이에게 도움이 되지 않습니다. 오히려 수치심과 죄책감을 느끼게 하고 부정적인 메시지만 던질 뿐입니다. 먼저 아이의 문제 행동이 무엇인지, 또 그 이면의 감정과 생각이 무엇인지 분별하고 인정해주세요. 문제 행동은 그 뒤에 교정해도 늦지 않습니다.

"네 장난감인 건 맞아." (생각 인정)

"싫을 수도 있지. 네가 아끼는 거니까." (감정 인정)

"그런데 네가 싫어도 친구한테 내 거라고 소리 지르면서 빼앗으면 안 돼."
(행동 통제)

"같이 놀고 싶어서 초대한 손님인데, 장난감을 빼앗으면 같이 놀 수 없어."
(이유 설명)

"친구랑 함께 가지고 노는 게 쉽지 않아. 어려운 일이야. 그래도 해봐야지."
(긍정적 이해)

"네가 특별히 아끼는 장난감이 있다면, 그것만 친구 오기 전에 미리 서랍에
넣어둬." (대안 제시)

"네 장난감을 친구가 만지고 쓰는 게 불편하면 키즈카페에 가야지. 우리 집
에 친구 부르면 안 돼. 네가 기분 좋게 장난감 빌려줄 마음이 생기면, 그때
다시 초대하자." (분별)

반대로 친구 집에 놀러 갈 때는 미리 아이에게 가르쳐줄 수 있습
니다.

"친구 집에서 갖고 놀고 싶은 장난감 있으면, 먼저 친구에게 물어
봐. 친구가 아끼는 걸 수도 있으니까. '이거 가지고 놀아도 돼?'라고
먼저 물어보고 놀아."

내 물건과 다른 사람의 물건을 구분하는 소유의 개념에 비해, 빌려준다는 개념은 훨씬 복잡해요. 무조건 빌려주길 강요하기보다는 자연스럽게 놀면서 주고받을 수 있는 기회를 만들어주세요. 그 과정이 반복되다 보면 물건에 대한 아이의 소유욕이 줄어들면서 친구들과 훨씬 재미있게 놀 수 있을 거예요.

무조건 빌려주길 강요하기보다는
자연스럽게 놀면서
주고받을 수 있는 기회를 만들어주세요.

친구에게 무시당하는 아이에게
"걔 이름이 뭐니?"라는 개입 대신

> **초2 아이가 울먹이면서 학교에서 있었던 일을 이야기하는 상황**
>
> 아이 엄마, 학교 체육 시간에 피구 하다가 내가 공을 놓쳤거든. 근데 애들이 한심하다고 하면서 막 놀리는 거야. 내가 일부러 그런 것도 아닌데.
>
> 엄마 뭐? 누가? 누가 한심하다고 해? 걔 이름이 뭐야? (개입)

아이가 친구들과 어울리다가 안 좋은 일이 생겼을 때, 더 속상해하는 사람은 부모님입니다. 안타까운 마음에 누가 그랬는지 따져 묻지만, 사실 알게 된다 하더라도 엄마 아빠가 해줄 수 있는 일은 많지 않습니다.

간혹 상대 아이의 부모에게 전화나 문자로 사과를 요구하기도 하는데, 이는 무례한 행동일 수 있습니다. 내 아이가 하는 이야기가 100% 사실이라는 보장이 없으니까요. 유아나 초등학교 저학년 아이들은 자기에게 유리한 대로 왜곡해서 얘기하는 경우가 특히 많습니다.

이럴 땐 갈등을 일으킨 아이가 누구인지 캐묻는 대신, 그 상황에서 아이가 어떻게 대응했는지를 물어주세요. 상황 속의 부당함에 주목하기보다는 부당한 말로부터 자신을 지키는 방법을 가르쳐야 합니다.

> **"속상했겠네."** (공감)
>
> **"그런데 친구가 한심하다고 했을 때, 너는 뭐라고 말했어?"** (아이의 대응 확인)

"아무 말 못 했어."

그런데 안타깝게도 대부분 아이는 생각지도 않은 친구의 공격에 할 말을 잃고 맙니다. 아무 말 못 하고 우물거리다 속상한 마음만 안고 집으로 돌아오지요. 이때 부모님들은 상대 아이 부모에게 연락해서 시원하게 한마디하고 싶어집니다. 상대 아이 또는 부모의 사과를 들어야만 직성이 풀릴 것 같지요.

하지만 멀리 보면 이런 행동은 우리 아이가 '부당함으로부터 스스로를 지키는 경험의 기회'를 앗아갈 뿐입니다. 얕잡아 보고 무시하는 친구는 언제 어디에나 있기 마련인데, 그때마다 엄마가 나서서 해결해줄 수는 없잖아요.

앞장서서 아이를 끌고 가기보다 스스로 한 걸음씩 나아가도록 가르쳐주세요. 할 말은 자신 있게 할 수 있도록 연습시켜 주세요. 나를 지키기 위해 부당한 일에 적극 대응하고 존중을 요구하는 용기 있는 자세는 자존감 높은 아이로 성장하는 데 필수입니다.

"기분 나빠." (감정 전달)

"너도 공 놓친 적 있잖아. 그런데 나는 너한테 한심하다는 소리 안 했어."
(부당함 설명)

"한심하다고 말하지 마." (부당한 말 중지 요구)

"놀리지 마!" (부당한 행동 중지 요구)

하지 말라는 말, 기분 나쁘다는 말은 어른들도 쉽게 하지 못합니다. 상대방의 기분을 상하게 할까 봐, 싸우게 될까 봐 속으로만 되뇌다 돌아서는 경험, 아마 부모님들도 많이 해보셨을 거예요. 아이들도 마찬가지입니다. 부당한 대우에 맞서는 말은 연습과 경험을 통해서만 익힐 수 있어요. 처음에는 말문이 막혀도 자꾸 소리 내면서 연습하다 보면 어느 순간 입에 익습니다.

직장이든 집이든 갈등 상황이 없는 곳은 없습니다. 학교도 마찬가지입니다. 더 큰 다툼으로 번지지 않게 선생님이 중재를 하지만, 아이들 사이의 갈등은 늘 있습니다. 이때 정확하게 자기 감정과 의사를 표현하는 아이들을 보면 집에서도 연습을 한 경우가 많습니다. 물론 이렇게 확실하게 의사 표현을 하는 아이들이 학교 생활의 만족도가 높은 편이고요.

우리 아이도 싫다는 말, 하지 말라는 말을 잘 못 하는 편이었습니다. 제가 상황극까지 만들어가면서 연습을 시켰지만, 친구들 앞에만 서면 까맣게 잊어버려서 고개를 숙인 채 돌아오는 경우가 많았지요. 저는 그럴 때마다 속상한 마음을 감추면서 다시 대처하는 법을 가르쳐주었습니다. 돌이켜 보면 지독한 인내를 필요로 하는 순간들이었지요. 그리고 얼마 전 초등학교 2학년이 된 아이가 제게 이렇게 말했습니다.

"엄마, 구름이가 나한테 또 한심하다고 했거든. 그래서 내가 말했어. 한심하다고 하지 마! 기분 나빠! 엄마, 나 잘했지?"

조금 느리고 시간이 걸리더라도 믿고 기다려주면 아이가 스스로 말하는 날이 반드시 옵니다. 아이가 뛰어나게 잘하는 모습을 보는 것도 부모에게는 큰 기쁨이지만, 조금씩 성장하는 걸 지켜보는 것도 큰 기쁨이고 보람입니다. 이런 기쁨과 보람은 한 걸음 뒤에서 지켜보고 믿어주며 응원해준 부모님만이 누릴 수 있습니다.

아이는 사랑하는 엄마 아빠의 말을 통해
세상 살아가는 법을 배웁니다.

친구들 사이에서 외로워하는 아이에게
"다 엄마 탓이야……"라는 자책 대신

아이가 어릴 땐 엄마가 나서서 친구 그룹을 만들어주는 일이 많아요. 아이에게 친구를 만들어주기 위한 엄마들 사이의 인맥 형성은 유년기 아이를 둔 엄마의 숙제이기도 합니다. 엄마 친구는 곧 아이 친구로 이어지기 때문이지요. 엄마들끼리 친해지면 번갈아 집으로 초대해서 놀기도 하고, 놀이터 나갈 때도 시간을 맞추어 같이 나갑니다. 그러면 아무래도 자주 보는 아이들끼리 친해질 수밖에 없지요.

그러나 워킹맘에게는 이런 교류가 어렵습니다. 일단 만나야 연락처를 교환하고, 단톡방을 만들고, 서로의 집으로 마실도 가고, 키즈카페 투어도 할 수 있는데 직장에 다니다 보면 그럴 기회가 생기

지 않지요. 워킹맘에게는 시간적 여유뿐만이 아니라 마음의 여유
도 없습니다.

두 아이를 키우면서 저는 퇴근 후 아이들 먹이고, 씻기고, 재우는
일만으로도 충분히 전쟁 같았습니다. 집은 늘 난장판인데다 손님
을 초대할 만한 시간적 여유도, 새로운 인간관계를 시작할 만한 감
정적 여유도 없었어요. 그래서였을까요? 딸아이는 초등학교 1학년
때, 친구가 없었습니다. 사교성 좋은 아이라 친구 걱정은 하지 않았
는데, 2학기 중간에 이렇게 말을 했습니다.

"엄마, 나 친구가 없어. 전학 가고 싶어."

누구에게나 먼저 말을 걸던 밝고 외향적인 성격의 딸아이가 친
구가 없다며 우는데 저는 억장이 무너졌습니다. 모든 게 제 탓인 것
만 같았어요. 바로 담임선생님과 상의를 나누고, 아이의 말도 들어
보았습니다. 종합해 보니 딸아이에게 친구가 없다는 말의 의미는
따돌림으로 인한 소외감이 아니라, 무리가 형성된 여학생들 사이
에서의 애매함과 단짝이 없다는 외로움이었어요.

그동안 외로워했을 아이를 떠올리니 너무도 가여웠습니다. 하지
만 슬픔을 내색하지는 않기로 했습니다. 친구가 없는 교실에서 외
로움을 견뎌야 하는 건 엄마가 아니라 아이니까요. 엄마까지 슬퍼
하면 아이가 기댈 곳이 없을 것 같았어요. 대신 의연하고 담담하게

아이에게 말했습니다.

> "마음에 맞는 친구가 같은 반에 있을 때도 있고, 그렇지 않을 때도 있어. 네가 잘못해서가 아니라 '운'이야. 학년이 바뀌고 새로운 친구들을 만나면 또 달라져. 좋아질 거야." (긍정적 해석)
> "중간놀이 시간에 너 좋아하는 색칠 공부 가져가서 해볼래? (대안 제시) 같이도 놀고, 혼자서도 놀 수 있어. 엄마는 네가 어떤 방식으로든 즐겁게 놀았으면 좋겠어. 혼자서도 잘 놀면 너의 옆 빈자리에 친구가 다가올 거야."
> (긍정적 해석)

친구가 없는 '상황'을 바꿔줄 수는 없습니다. 그러나 상황에 대한 '해석'을 바꾸는 건 가능합니다. 혼자서도 잘 놀 수 있고, 친구가 없는 건 잘못이 아니라 그저 운이라는 사실을 알려주고, 반이 바뀌면 좋아질 거라는 예측을 통해 아이의 생각을 긍정적인 쪽으로 이끌어주어야 합니다.

부모님이 통제할 수 없는 상황을 안타까워할수록 아이만 딱해져요. 부모님 억장이 무너지더라도 아이 앞에서는 괜찮은 척을 해야 합니다. 엄마가 괴로워하면 아이는 더 괴로우니까요. 아이는 슬퍼하는 엄마, 우는 엄마에게서 어떤 위로나 공감도 얻을 수 없습니다.

엄마를 슬프게 만드는 사람, 울게 만든 사람이 자신이라고 생각하기 때문에 더 아프기만 할 뿐이지요.

엄마 아빠가 비탄에 빠지지 않고, 슬픔에 휘둘리지 않고 아이가 믿고 기댈 수 있는 든든한 버팀목이 되어주는 것. 이것이 아이의 외로움의 무게를 덜어줄 수 있는 유일한, 그리고 가장 확실한 방법입니다.

워킹맘의 가장 큰 싸움은 일과 육아를 병행하는 게 아닙니다. 일과 육아 사이에서 죄책감 없도록 삶의 균형을 잡는 일입니다.

분명한 건 '엄마 친구 = 아이 친구'의 공식은 대부분 초등학교 저학년으로 끝난다는 사실입니다. 교사로서 지켜본 바에 의하면 엄마가 친구를 사귀면서 아이 친구를 만들어주는 것도 다 한때예요. 엄마가 붙여줘도 자기들끼리 마음이 안 맞으면 끝내 어울리지 못합니다. 나중에는 엄마 친구, 아이 친구 따로 놀게 되는 상황이 발생하지요.

아이를 위해 맺은 인연은 아이 때문에 틀어지기도 합니다. 아이들끼리 싸우면 엄마들도 감정이 쌓이는 경우가 많아요. 또 겉으로는 엄마들끼리 다 친해 보여도 그 속에는 더 친한 사람이 있고 소외되는 사람도 있습니다. 뒷담화도 많고요. 이러니저러니 해도 결국 친구를 사귀는 건 아이의 몫입니다.

그러므로 엄마가 넘어야 할 산은 아이 친구 관계의 어려움이 아니라 미안함과 죄책감을 이겨내는 것입니다. 아이에게는 미안함도 죄책감도 도움이 되지 않으니까요. 아이 성적표를 엄마 성적표로 여기면 안 되는 것처럼, 아이의 외로움을 엄마의 죄책감으로 연결해서는 안 돼요. 아이는 아이의 삶을 살아야 하고, 엄마는 엄마의 삶을 살아야 합니다.

생일파티에 초대받지 못한 아이에게
"걔는 왜 그러니?"라는 헐뜯는 말 대신

학교에서 돌아온 초등학교 6학년 딸아이가 상기된 얼굴로 저를 찾았습니다. 숨도 고르지 않고 말을 쏟아냈지요.

"엄마! 이번 주 토요일이 하늘이 생일인데, 생파하고 파자마 파티도 한대. 가도 돼?"

"생일? 음, 코로나가 잠잠해지긴 했지만 그래도 자고 오는 건 마음에 걸리네. 몇 명이나 모여?"

"하늘이 엄마가 네 명만 부르라고 했대. 코로나 때문인가 봐."

"그럼 아직 초대를 받은 게 아니라 올 수 있는지 물어본 거네. 가고 싶니?"

"응. 엄청 가고 싶어!"

"그럼 우선 알겠다고 얘기해. 초대받으면 엄마가 하늘이 엄마랑 얘기해볼게."

그런데 막상 토요일이 될 때까지도 딸아이는 별다른 말이 없었습니다.

"기쁨아, 하늘이 생일파티 오늘 아니었나?"

"어, 맞아. 네 명 부른다고 했는데, 나는 초대 못 받았어. 괜찮아."

아이가 괜찮다고 했지만, 저는 마음이 쓰였습니다. 네 명만 초대한 친구 집 사정은 충분히 이해가 갔지만, 그 네 명 안에 딸아이가 포함되지 못한 것은 속이 상했지요. '걔는 왜 그러니? 그럴 거면 처음부터 말을 꺼내지 말았어야지' 하는 말이 목 끝까지 치고 올라왔습니다. 그런데 곰곰이 생각해보니 그러면 안 될 것 같았어요. 저보다 더 속상했을 아이도 저렇게 씩씩하게 넘어가는데 엄마가 그러면 아이에게 오히려 상처가 될 것 같았지요. 그래서 제 속마음은 내색하지 않고 쿨하게 말했습니다.

"우리 딸 맘 상했겠네. 너 좋아하는 불닭볶음면 해줄까? 매운 거 먹고 속 풀자!"

아쉬운 대로 딸아이가 좋아하는 음식을 만들어서 달래주려고 했는데, 딸아이가 제법 어른스러운 얘기를 했습니다.

"엄마, 사실 나도 부럽기도 하고 서운하기도 했어. 근데 앞으로 더

친하게 잘 지내봐야겠다는 생각을 더 많이 했어."

"멋지네. 그게 정답이야. 어떻게 그런 훌륭한 생각을 했어? 부러운 마음, 서운한 마음 다루기가 쉽지 않았을 텐데 말이야."

"좋게 생각을 하려고 해. 엄마가 나한테 격려를 많이 해주고 내 생각을 좋은 방향으로 바꿔주니까 나도 자연스레 그런 생각을 하게 되나 봐."

"그럼 비결이 엄마인 거야?"

"그치."

"영광이네. 고마워. 솔직히 엄마라면 그 상황에서 부럽고 슬펐을 거 같거든. 그런데 너는 그렇지 않고 그게 엄마 말 덕분이라고 해주니까 너무 기쁘다."

"나는 엄마가 누구 부러워하고 슬퍼할 줄 몰랐어. 항상 나한테 좋은 말을 해주니까 엄마 마음도 그런 줄로만 알았지."

친구 생일파티에 초대받지 못한 아이가 실의에 빠져 있지 않고 씩씩하게 이겨낼 수 있었던 원동력은 맛있는 음식도, 서툰 공감이나 헐뜯는 말도 아니었습니다. 바로 엄마가 일상 속에서 꾸준히 들려주었던 긍정적인 말이었지요. 저는 아이를 보면서 불안하고 걱정되는 순간에도 포기하지 않고 뿌렸던 긍정의 씨앗이 결국 뿌리를 내리고 꽃을 피웠다고 생각했습니다.

게다가 속상한 마음을 일부러 감추지 않아도 될 만큼 아이에게는 엄마가 강인해 보였던 모양이에요. 엄마를 기댈 수 있는 단단한 사람으로 여기고 있었다니, 속으로 정말 다행이라고 생각했습니다. 그런 엄마에게 영향을 받아 부러움과 서운함을 이겨낼 수 있는 아이로 성장해준 아이에게 정말 고마웠고요. 아이에게 참 많은 걸 배운 하루였습니다.

아이들에게는 친구 관계가 자존감의 근원인 것 같지만 꼭 그렇지만도 않습니다. 친구보다 중요한 건 부모님과의 관계입니다. 부모님의 긍정적인 태도와 믿음은 아이 마음을 지탱해주는 울타리가 됩니다. 아이는 자신에게 든든한 울타리가 있음을 알고 조금씩 씩씩해져요. 부모님이 아이에게 보여준 존중이야말로 아이 자존감의 근원입니다.

불안하고 걱정되는 순간에도
포기하지 않고 뿌렸던 긍정의 씨앗은
결국 뿌리를 내리고 꽃을 피우게 마련입니다.

다섯 걸음,
의사소통 말 연습

엄마에게 상처 주는 아이에게
"말을 그렇게밖에 못 하니!"라는 뾰족한 말 대신

초4 아이가 반찬 투정을 하는 상황

아이   엄마, 저녁에 갈비 먹으러 가요.

엄마   밥 안쳤어. 고등어 구워줄게. 오늘은 집에서 먹어.

아이   아, 고등어 싫은데....... 왜 맨날 엄마 마음대로만 해요?

엄마   말을 그렇게밖에 못 하니! 어떻게 고기만 먹고 살아! (뾰족한 말)

아이뿐만 아니라 부모도 말에 상처를 받습니다. 엄마 아빠는 아이를 위해 다정하게 말하려고 노력하는데, 아이가 삐딱하고 짜증스럽게 말하면 화가 나지요. 결국은 쏘아붙이는 말로 대화가 끊어지게 됩니다.

"왜 맨날 엄마 마음대로만 해요?"

"왜 다 아빠가 하고 싶은 대로만 해요?"

"내 마음은 없고, 엄마 마음만 있어."

"엄마 아빠는 안 된다고만 하고! 흥!"

아이들 취향에 맞춘다고 맵지도 않고 짜지도 않게 간을 하고, 외식도 늘 아이들이 좋아하는 곳으로만 갔는데 저런 말을 들으면 몹시 서운합니다. '맨날', '다' 그렇다고 하니 억울하다 못해 기가 차서 말도 안 나오지요. 당장이라도 아이들은 상관 없이 내가 먹고 싶은 것만 먹고, 내가 가고 싶은 곳만 가고 싶어집니다.

당연한 얘기지만 아이들은 부모의 마음을 모릅니다. 그걸 알면서도 상처를 받는 거지요. 그리고 엄마 아빠도 사람이다 보니 감정적으로 견디기 힘든 상태에 다다르면 아이에게 뾰족한 말을 내뱉고 맙니다.

"엄마 딴에는 네가 원하는 건 웬만하면 들어주려고 하고 있어. 그런데 엄마 마음대로만 한다고 하니까, 내 수고와 노력이 아무것도 아닌 게 된 것 같아서 섭섭해." (설명)

"엄마도 네게 공감을 해주려고 하거든. 너도 엄마 마음을 좀 살펴보고 알아

주면 좋겠어." (요청)

"서운한 거 알겠다고, 서운할 만하다고 그렇게 말해줘." (권유)

엄마 아빠가 지치면 아이들은 기댈 곳이 사라집니다. 그러니 아이들을 위해서라도 엄마 아빠 마음 헤아리는 법을 가르쳐줄 필요가 있습니다. '언젠가는 깨닫겠지', '크면 달라지겠지' 이런 생각을 하며 상한 마음을 덮어둘 게 아니라 엄마 아빠가 어떤 마음을 느끼는지 자녀에게 직접 설명해주는 거지요. '꼭 그걸 말로 해야 알아? 말 안 해도 좀 알아주지' 하고 기대했다면 큰 오산입니다. 직접 말하지 않으면 아이는 알 도리가 없습니다.

"엄마가 마음대로 한 거 아닌데, 제가 그렇게 말하니까 엄마도 서운하셨을 거 같아요." (부모 감정 인정)

"제가 잘못했어요." (잘못 인정)

"죄송해요." (사과)

그저 엄마의 상한 마음을 알아달라는 것이었는데, 아이는 미안하다는 사과까지 보탭니다. 아이도 사랑하는 엄마 아빠에게 상처 주고 싶지 않았던 거예요. 자신의 말 때문에 엄마 아빠가 슬퍼한다는 사실을 알려주면, 아이도 말을 하는 데 있어 신중해집니다.

인정, 긍정, 다정의 존중 대화는 일방통행이 아닙니다. 아이의 부정적인 태도를 언제까지고 엄마 아빠가 참아줄 수는 없습니다. 똑같이 부정적인 말로 응수하는 것도 어른스러운 방법은 아니고요. 대신 상처받는 마음을 솔직하게 전해주세요. 아이가 공감하고 인정할 때까지 얘기하세요. 그러다 보면 엎드려 절받기일지라도 아이가 부모의 마음을 알아주는 때가 옵니다. 이렇게 소통은 같은 높이에서 눈을 맞추고 오갈 때 진짜 힘을 발휘합니다.

눈치 없이 구는 아이에게
"말귀를 못 알아들어?"라는 무안 주는 말 대신

학교에서 일하다 보면 조망수용능력이 부족한 아이들이 갈등 상황에 노출되는 모습을 종종 보게 됩니다. '조망수용능력'이란 역지사지, 즉 타인의 입장을 이해하고 의도와 감정을 추론하는 능력을 말해요. 조망수용능력이 높은 아이들은 공감을 잘하고 다툼 중재와 해결에도 재능을 보입니다. 당연히 교우 관계도 좋고 인기도 많지요.

반대로 조망수용능력이 낮은 아이들은 말투나 표정, 전체적 맥락을 통해 상황을 판단하는 데 어려움을 겪습니다. 함축적인 의미를 이해하지 못하는 경우도 많고, 의사소통 과정에서 불필요한 오해를 하는 경우도 많습니다. 예를 들면 이런 상황이지요.

"왜 비웃어?"

"비웃은 거 아닌데, 왜 시비야!"

"선생님, 하늘이가 자꾸 째려봐요."

"저 안 째려봤어요. 그냥 본 건데 너 왜 그래?"

쳐다본 것과 흘겨본 것, 웃음과 비웃음을 구분하지 못하기도 하고 미묘한 상황적 맥락을 통합하는 데 확실히 서툰 게 느껴집니다. 분위기 파악을 못해서 엉뚱한 말을 할 때도 있고, 복잡한 감정을 처리하지 못해서 어리둥절한 표정을 짓기도 하지요. 하지만 학교에서 많은 아이를 한꺼번에 보는 선생님과 달리 집에서만 아이를 보는 엄마 아빠는 아이의 이런 부분을 그저 문제 행동으로 여기는 경향이 있습니다.

> "왜 이렇게 말귀를 못 알아들어?" (비난)
> "너 왜 그러니? 도무지 이해가 안 가." (무시)
> "꼬아 듣지 마." (금지)
> "자꾸 오해하면 너만 손해야." (공격)

부모님까지 한심한 시선으로 바라보면 아이는 기댈 곳이 없습니다. 위축된 마음이 더 쪼그라들게 되지요. 다행스러운 점은 조망수용능력은 고정된 게 아니며 학습을 통해 발달한다는 사실입니다. 부모님이 친절하게 설명하고 가르쳐주다 보면 분명 나아집니다.

"뭘 보고 친구가 비웃은 거라고 생각한 거야?" (단서 점검)

"웃는 거랑 비웃는 거랑 어떤 차이가 있어?" (구분)

"그 친구가 다른 애들한테도 그렇게 말해, 아니면 너에게만 그런 거 같아?" (구분)

"친구가 비웃은 걸 수도 있는데, 아닐 수도 있어." (분별)

"비웃은 건지, 그냥 웃은 건지 엄마가 직접 본 게 아니라서 구별해주기 힘들어." (설명)

"그런데 비웃었다고 생각하면 누구보다도 네가 힘드니까, 좋은 쪽으로 생각을 바꿔봐." (권유)

눈치껏 알만한 것들을 일일이 말로 설명해주는 건 고된 일이에요. 말귀를 못 알아듣다 보니 여러 번 얘기해줘야 할 때도 많지요. 하지만 귀찮다는 이유로 가르쳐주길 포기하면 아이는 크면 클수록 다른 아이들과 어울리지 못하는 섬 같은 존재가 될 가능성이 높습니다. 아이가 또래 사이에서 우두커니 혼자 서 있는 모습을 생각하면 정말 가슴이 미어집니다. 어른도 외로움을 견디기 힘든데 아이들은 얼마나 힘들겠어요. 사랑하는 우리 아이를 위해서 조금만 더 힘을 내주세요.

무턱대고 신조어를 따라 하는 아이에게
"그런 말 하는 거 아니야!"라는 금지 대신

"어쩔티비 저쩔티비 안물티비 안궁티비 어쩔래미 저쩔래미 쿠쿠루 삥뽕 화났쥬? 킹받쥬? 아무것도 못 하쥬? 아무 말도 못 하쥬?"

무슨 말인지 이해되나요? 아이들은 자기가 무슨 말을 하는지도 모르면서 이런 유행어를 무분별하게 사용합니다. 장난을 받아주겠다고 어쩔티비에서 어쩔냉장고로 응수하면 세탁기, 건조기, 가스레인지, 에어컨 등등 순식간에 온갖 가전제품이 다 튀어나옵니다. 의미도 잘 모르면서 그저 어감이 재미있다는 이유로 랩 하듯이 주고받는 것이지요.

'어쩔티비'는 '어쩌라고 가서 티비나 봐'라는 뜻이고, '킹받쥬?'는 '열 받지? 화나지?'라는 뜻입니다. 재미로 하는 유행어라고는 해도 이런 말을 남발하는 걸 그대로 두어서는 안 됩니다. 그저 철부지 아이들의 말장난으로 넘길 수 없는 이유는 이런 신조어에 '존중'이 결여되어 있기 때문입니다. 상대방을 향한 비하가 기본적으로 깔려 있고, 비아냥거리며 상대편을 화나게 만들려는 의도도 담겨 있는 까닭입니다.

말은 생각을 지배하고, 가치관과 태도에 영향을 줍니다. 언어순화가 필요해요. 그러나 "그거 좋은 말 아니야", "듣기 싫어. 하지 마" 등의 무조건적인 금지는 오히려 반발심을 불러일으킬 수 있습니다. 왜 하면 안 되는지 이유를 정확히 가르쳐주세요. 웃을 일도 아니고 즐길 일도 아니며, 되받아칠 말이 아니라는 걸 아이도 알아야 고치려는 마음을 먹습니다.

"네가 쓰는 외계어는 '너는 떠들어라. 나는 내 마음대로 할 거야. 네가 어쩔 건데? 아, 열 받네.' 이런 뜻이야. 상대방을 무시하고 비꼬는 말이야. 너에게 그럴 의도가 없었다 하더라도, 그 말을 하면 너는 상대방을 무시하고 비꼰 사람이 되는 거야. 유행어라고 해서 꼭 따라 할 필요는 없어. 친구들이 함부로 저런 말을 하면 네가 그 뜻을 알려주는 것도 좋은 방법이야."

존중은 상호기반적인 가치입니다. 먼저 존중해야 존중받을 수 있어요. 어느 한쪽만 일방적으로 존중의 가치를 실천하고, 다른 한 쪽은 그러지 않는다면 존중의 마음 창고는 금세 고갈되고 말아요. 부모님이 인정, 긍정, 다정의 말을 솔선수범하는 이유를 아이에게도 가르쳐주세요. 그러면 아이도 무턱대고 안 좋은 유행어를 따라 하지 않을 거예요.

온종일 핸드폰만 하는 아이에게
"꼴도 보기 싫어. 나가!"라는 분노 대신

"꼴도 보기 싫어. 나가! 나가서 네 마음대로 하고 살아!"

화가 나서 아이에게 독설을 내뱉고 뒤돌아 후회한 경험, 부모님이라면 누구나 한 번쯤 있을 것입니다. 다른 사람에게는 절대 하지 않을 심한 말이 자식 앞에서는 무심코 나옵니다. 가족이니까 이해해줄 거라 믿고, 더 여과 없이 말하는 경향도 있어요.

누구나 살면서 말실수를 합니다. 한결같이 평정심을 가지고 감정 조절을 하면 좋겠지만 마음처럼 되지 않습니다. 부모도 사람인 이상 화가 날 수 있고, 화낼 수도 있어요. 중요한 건 화를 낸 다음 어떻게 상황을 수습하고 설명하느냐에 달려 있습니다.

요즘에는 어렸을 때부터 핸드폰을 사용하는 아이가 많습니다. 꼭 필요할 때만 사용하면 좋겠지만, 그런 경우는 거의 없지요. 온종일 메시지를 주고받는 아이도 있고, 게임에 빠져서 눈을 못 떼는 아이도 있습니다. 이럴 때 엄마 아빠는 이렇게 얘기합니다.

"네가 종일 핸드폰만 붙잡고 있는 거 보면 속이 터져. 너라면 화 안 나겠어?"

아이가 잘못을 했으니 부모가 화를 내도 정당하다고 방어하는 말입니다. 하지만 아무리 아이가 문제 행동을 했다 하더라도 그것으로 엄마 아빠의 분노를 정당화할 수는 없어요. 오히려 아이는 '다른 사람이 잘못을 하면 내가 화를 내도 괜찮구나' 하고 생각하게 될 거예요. 이렇게 엄마 아빠의 분노를 정당화하는 말에는 어떤 게 있는지 조금 더 살펴볼까요?

"너도 소리 지르고 부르르 할 때 있잖아. 엄마도 너처럼 화날 때가 있는 거야."

'사람은 누구나 그래'라는 말은 참 편한 변명입니다. 손쉽게 상대방의 공감을 끌어낼 수 있거든요. 하지만 아이에게 미안한 마음을 감추려고, 잘못을 얼버무리려는 의도라면 솔직하게 사과하는 게 더 좋지 않을까요.

"엄마는 최선을 다해서 너를 키우고 있어."

자녀를 위한 부모의 사랑과 희생정신은 더할 나위 없이 숭고하고 아름답습니다. 그러나 이 역시 분노의 면죄부가 될 수는 없습니다.

"아빠가 얼마나 너를 사랑하는데, 아빠가 열심히 일하고 돈 버는 거 다 너를 위해서야. 세상에서 네가 제일 소중해."

사랑한다는 말로 미안함까지 뭉뚱그리려 하지만, 본질이 다른 말로는 잘못을 덮을 수 없습니다.

꼴도 보기 싫다는 엄마 아빠의 말이 진심이 아니라는 것쯤은 아이도 알고 있습니다. 아이가 받는 상처의 근원은 엄마 아빠가 화를 냈다는 사실보다는 화를 내고도 어물쩍 넘어가려는 모습에 있습니다. 존중받지 못했다고 느끼니까요.

부모님께서 자기도 모르게 아이에게 부정적인 감정을 쏟아부었다고 판단되면 솔직하게 사과를 하는 게 좋습니다. 사과와 존중은 서로 맞닿아 있습니다. 사과받고 싶은 마음은 사실 존중받고 싶은 마음이기도 합니다.

"엄마가 심하게 말했어. 진짜 미안해." (잘못 인정, 사과)

"아빠가 갑자기 소리 질러서 놀랐지? 사과할게. 미안해." (과오 인정, 사과)

이미 뱉은 말은 주워 담을 수 없지만, 아이의 마음의 응어리를 풀어주는 건 가능합니다. 자신의 실수를 인정하고 아이에게 진심 어린 사과를 건네면 됩니다. 순간 화가 치밀어 심한 말을 했다고 해도 잘못을 솔직하게 인정하고 아이에게 사과하면, 아이는 존중을 느끼고 감정의 잔해를 정리할 수 있습니다. 습관적으로 언성을 높이는 게 아니라면 엄마 아빠도 실수할 수 있음을, 완벽한 존재가 아님을 아이도 이해합니다.

저는 이따금 아이들에게 이렇게 묻습니다.

"엄마 때문에 마음 상한 적 있니? 있으면 속에 담아두지 말고 꼭 말해줘."

없다고 하는 날도 있지만, 이러이러해서 속상했다고 솔직하게 털어놓는 때도 있어요. 그럼 주저 없이 사과합니다.

"미안해. 엄마가 지나쳤어. 엄마가 잘못했어."

아이에게 크게 화를 내고 막말을 하는 건 성숙한 부모의 모습이 아니에요. 엄마 아빠도 스스로를 성찰하며 감정을 제어해나가야 합니다. 그리고 적어도 부모님이 먼저 잘못과 실수를 인정하고 사과하면 아이는 존중을 느낄 수 있습니다. 아이에게 화내지 않는 부모님은 되기 어려워도 아이를 존중하는 부모님은 될 수 있잖아요. 사과하는 부모로부터 아이는 존중을 배웁니다.

우리 모두 아이에게 화내지 않는
부모는 되기 어려워도,
아이를 존중하는 부모는 될 수 있습니다.

사랑하는 아이를
품에 꼭 안고서

아들은 궁금한 게 참 많은 데다 그냥 못 넘어가는 성격입니다. 예닐곱 살 무렵에는 치약을 먹으면 어떻게 되는지 궁금하다며 양치질을 하다가 치약을 삼키기도 했지요. 심지어 치약이 맛있다고도 했습니다. 문제는 치약을 먹는 일이 한 번으로 끝나지 않았다는 겁니다. 제가 잠시라도 한눈팔면 치약을 삼키곤 했습니다. 그때마다 저는 야단을 쳤고요.

> "얘가 왜 이래? 거품을 뱉어야지 삼키면 어떻게 해!" (반감)
> "치약 먹는 거 아니라고 몇 번을 말해?" (비난)
> "너 자꾸 이러면 병원 가서 위세척해야 돼." (위협)

> "먹으라는 밥은 안 먹고 왜 치약을 먹어? 청개구리가 따로 없어!" (판단)
> "엄마 힘들어. 제발 말 좀 들어." (푸념)

아이가 혀와 입의 감각으로 궁금증을 해결할 때마다 비난하고 겁주는 말을 참 많이 했어요. 아들의 호기심과 엉뚱함을 지적하고 고치려고 했습니다. 하지만 말 연습을 하면서 아이에게는 문제가 없고 오히려 엄마인 내 말에 문제가 있다는 사실을 깨달았지요. 변화의 대상을 아이에서 나로 옮겨오기까지는 시간이 꽤 오래 걸렸지만, 지금은 다행히 아이를 고유한 개인으로 인정하고 아이만의 취향과 개성을 존중해주는 엄마가 되었다고 자부합니다.

아이가 자라면서 크면서 치약을 먹는 일은 없어졌지만, 아들의 호기심은 아홉 살이 된 지금도 여전합니다. 심지어 얼마 전에는 이런 일도 있었어요.

"엄마, 바디워시 먹으면 어떻게 돼?"

"어떻게 되긴, 먹으면 안 되지."

"왜 안 돼? 먹으면 죽어?"

"죽지는 않겠지만…… 너 혹시, 바디워시 먹었니?"

"아니."

"아니긴. 표정 보니까 먹었네. 맞네."

"안 먹었어. 먹고 뱉었어."

"무슨 맛인지 궁금했어?" (생각 인정)

"응."

"무슨 맛이야? 맛있었니?" (느낌 인정)

"아니. 맛없어. 딸기 치약은 딸기맛이 나는데 바디워시는 짜. 짠 맛이야."

"다행이네. 맛없으니까 이제 안 먹을 거지?" (다정)

"어. 안 먹어. 헤헤."

"호기심을 갖는 건 좋은 태도야. (긍정적 이해)

그런데 아무리 궁금해도 네 몸에 해로운 건 하면 안 돼." (행동 통제)

"응! 근데…… 엄마!"

"음? 왜?"

"사랑해!"

아이는 저와 나누는 대화 끝에 사랑한다는 말을 자주 합니다. 조금 뜬금없지만 아들의 '사랑해'라는 말은 늘 뭉클해요. 엄마가 애쓰고 있다는 사실을 알고 보듬어주는 것 같아서요. 아마 '사랑해'라는 한마디에는 '엄마, 내 마음을 알아주고 이해해줘서 고마워요'라는 말이 생략되어 있을 것입니다.

존중의 씨앗을 뿌리고 싹 틔우는 과정은 지난하지만, 그 열매는 풍성합니다. 존중의 언어를 사용하면서 저는 냉소적인 말로 아이를 몰아세우는 엄마에서 마음을 보듬는 엄마로 한 걸음 성장할 수 있었습니다. 긍정의 말을 통해 아이와 덜 부딪히고 더 행복해졌습니다. 인정의 말을 하면서 엄마의 마음을 지키고 아이의 마음을 헤아릴 수 있었습니다. 어떻게 말해야 할지 몰라 난감했던 많은 상황에 대한 답은 바로 존중의 언어에 있었습니다.

말은 의식적으로 하는 사람은 거의 없습니다. 대부분은 입에 배인 습관대로 하지요. 그리고 습관이라는 관성의 방향을 바꾸기 위해서는 부단한 연습이 필요합니다. 이 책을 쓰면서 저는 딱 한 가지만 생각했습니다.

'이 책이 독자 여러분의 말 습관을 만드는 데 조금이라도 도움이 되었으면 좋겠다.'

책을 통해 생활 속에서 아이에게 익숙하게 하는 말, 저절로 튀어나오는 말 습관을 되돌아보고 개선해나가는 과정을 가졌으면 좋겠습니다. 인정의 말로 한걸음, 긍정의 말로 두 걸음, 다정한 말로 세 걸음 아이에게 다가갈 수 있기를 바랍니다.

오늘도 아이는 무서울 정도로 빠르게 자랍니다. 그에 비하면 엄마 아빠가 함께할 수 있는 시간은 너무 짧지요. 아이가 다 크고 나면 분명 지금을 그리워할 날이 올 겁니다. 그때 아이에게 건넸던 차가운 말, 부정적인 말이 떠오른다면 얼마나 후회하게 될까요? 그러니 아이를 사랑하는 마음이 담긴 다정한 말을 아이가 엄마 아빠 품에 있는 지금, 건네야만 합니다. 오늘이 가장 빠른 때에요. 이 책을 접한 모든 분이 아이와 함께하는 소중한 순간을 존중의 언어로 충만하게 채워나가기를 바랍니다.

한눈에 살펴보는 3가지 존중의 말

정서적 교감을 이끄는 인정의 말	
부정	긍정
"뭐가 뜨거워?" (반감)	"뜨겁니? 뜨겁구나." (공감) "더 식혀줄까?" (해법 제시)
"뭐가 아파? 엄살 부리지마!" (부정)	"아프겠다." (공감) "밴드 붙여줄까?" (해법 제시)
"야식 몸에 안 좋아. 참아." (욕구 금지)	"먹고 싶구나." (욕구 인정) "내일 낮에 먹는 건 어떠니?" (대안 제시)
"숙제도 안 하고 놀러 나가? 안 돼!" (욕구 금지)	"놀고 싶지? 숙제하기 싫지? 이해해." (욕구 인정)
"장난감 타령 좀 그만해!" (욕구 금지)	"장난감을 갖고 싶은 네 마음은 알겠어." (욕구 인정) "비슷한 장난감이 있는데 그것부터 가지고 놀자." (대안 제시)
"이게 울 일이야?" (비난)	"네 마음은 알겠어. 속상한 거 알겠어." (감정 인정) "네가 서운했다는 거 충분히 알겠어." (상태 인정)

"뭘 잘했다고 울어?" (질책)	"네가 화난 데는 그만한 이유가 있을 거야." (공감) "내가 너라도 화가 났을 거야." (공감)
"울지 마. 뚝 그쳐!" (금지)	"방에서 마음껏 울고, 언제든 나와도 좋아. 엄마 아빠가 기다릴게." (기다림) "실컷 울었어? 기분 좀 풀렸어?" (마음 묻기)
"너는 '왜요'가 입에 붙었구나." (성급한 일반화)	"네가 궁금한 건 알겠어." (생각 인정) "궁금할 때 그냥 넘어가지 않고 물어보는 건 좋은 태도야." (태도 인정)
"어디서 말대답이야? 버릇없이!" (판단)	"물어보는 건 좋은데, 네 말투가 꼭 따지는 것 같아." (말투 교정) "'왜요'라고 하지 말고, '이유가 궁금해요'라고 하면 어때?" (대안 제시)
"어른들 말에 토 다는 거 아니야!" (면박)	"넌 그렇게 생각하는구나. 그런데……." (생각 인정)

마음을 활짝 열게 만드는 긍정의 말	
부정	**긍정**
"왜 변덕이야?" (부정적 판단)	"생각이 바뀌었어?" (긍정적 이해)
"자꾸 이러면 수포자 돼." (위협)	"꾸준히 하다 보면 쉬워져." (위안)
"너 이렇게 먹으면 돼지 돼." (위협)	"건강을 위해 과자를 줄이면 좋겠어." (제안)
"또 양말 아무 데나 벗어놔?" (비난)	"익숙하지 않아서 그래." (이해) "빨래통에 넣어보자." (안내)
"순서대로 써야지." (명령)	"많이 안 해봐서 그래." (이해) "천천히 순서대로 써보자." (안내)
"빵점 맞기 싫으면 글씨 고쳐." (파국적 사고)	"글씨랑 띄어쓰기 고치는 게 쉽지 않아." (공감) "자꾸 해보면 점점 나아져." (믿음)
"항상 이런 식이야." (부정적 일반화)	"꽤 자주 그래." (횟수 한정)
"너 학교에서도 이래?" (장소 연결)	"앞으로는 그러지 마." (당부)
"맨날 학습만화만 읽지 말고 글밥 있는 책 좀 읽어." (지시)	"책 읽는 모습이 너무 보기 좋다." (시도 칭찬)
"숙제해." (지시) "글씨가 이게 뭐야? 다시 써." (지적)	"숙제부터 끝냈네. 멋지다." (완수 칭찬)
"커서 뭐가 되려고 이러니?" (무시)	"넌 뭐라도 될 수 있는 재능을 가진 아이야." (믿음)

사랑을 오롯이 전하는 다정한 말	
부정	긍정
"'잘못했어요' 해." (인정 강요) "'죄송해요' 해." (사과 지시)	"잘못한 거 알면 엄마 손 잡아줘." (인정 유도)
"'다시는 안 그럴게요' 해!" (다짐 지시)	"앞으로 안 그런다고 아빠랑 손가락 걸고 약속해." (약속 유도)
"아빠 화나게 하지 마." (분노 유발 금지)	"아빠가 엄마랑 얘기하고 있을 때, 네가 끼어들면 아빠는 화가 나." (설명) "네가 엄마 아빠의 대화 시간을 소중히 여기면 좋겠어. 좀 기다려줘." (요청)
"먹었으면 접시 개수대에 갖다 놔!" (명령)	"다 먹은 접시 개수대로 갖다줄래?" (제안)
"먹는 사람 따로, 치우는 사람 따로 있 어?" (비꼬기)	"컵 모아서 설거지통에 넣어줘." (부탁)
"지금 엄마 무시하니?" (취조)	"너라면 기분이 어떨 거 같아?" (질문)
"어떻게 하라는 거야? 방법이 없잖아!" (짜증)	"엄마도 해결할 수 없는 일이 있어." (설명)

화내지 않고 사랑하는 마음을 오롯이 전하는 39가지 존중어 수업

엄마의 말 연습

초판 1쇄 발행 2022년 9월 22일
초판 7쇄 발행 2024년 8월 2일

지은이 윤지영
펴낸이 민혜영
펴낸곳 (주)카시오페아
주소 서울특별시 마포구 월드컵로 14길 56, 3~5층
전화 02-303-5580 | **팩스** 02-2179-8768
홈페이지 www.cassiopeiabook.com | **전자우편** editor@cassiopeiabook.com
출판등록 2012년 12월 27일 제2014-000277호

- 잘못된 책은 구입하신 곳에서 바꿔 드립니다.
- 책값은 뒤표지에 있습니다.